U0301667

漫话景观生态设计

Thoughts on Landscape Ecological Design

张晓燕 主编

中国建筑工业出版社

前言

如今，随着环境的恶化以及人们对于生态环境关注度的提高，景观生态问题受到越来越多的关注，并且近年来景观专业学生数量呈现爆炸式增长，对景观生态相关知识的认知需求日益增加。但景观生态问题中存在大量专业名词及技术措施对于学生或相关爱好者来说确实是一个难点，众多专业类图书多使用专业性文字术语进行描述，更加增加人们对相关知识的接收难度。

因此，本书采用一种创新的方式，将专业性的知识用"以图为主，文字为辅"的方式呈现给读者，希望在这个读图的时代通过专业知识表现方式的改变来提高人们对景观生态相关知识的接受能力。简洁生动的表达方式，将枯燥难以理解的理论转化为生动形象的图示，便于读者理解学习。图示的绘制由景观设计专业的学生完成，符合设计类专业学生的特点，发挥了他们的专业特长。

全书紧紧围绕当前景观设计领域热点问题 —— 景观生态进行阐述，包括海绵城市、雨水花园、绿色屋顶、垂直绿化、人工湿地、生态河道和废弃地恢复性景观七个部分，并且在每一部分的专业理论后都配有代表性案例介绍，可以让读者对相关景观生态技术措施的应用及实施有更好的认识。这七个部分内容基本上涵盖了景观生态的主要问题，同样也是景观方向的热点问题，不仅是学术研究的重点课题，也是景观设计实践的主要方向。

编写本书的灵感来自于编者多年的景观教学经验，并且通过对于生态环境问题的关注以及景观设计行业现状的分析，提炼出景观生态中的重点难点，与学生进行多次研讨和修订，最终成书。每一篇都是由不同的学生精心绘制完成。其中海绵城市篇由孙学浩撰稿；雨水花园篇由容维聪撰稿；绿色屋顶篇由马蓬伟撰稿；垂直绿化篇由谢莉莉撰稿；人工湿地篇由许又文撰稿；生态河道篇由徐超颖、杨莹、周佳裕撰稿；废弃地恢复性景观篇由王森、张家希撰稿。

谨以此书抛砖引玉，希望广大读者和专业人士对我们提出宝贵的意见和建议。

张晓燕

2020 年 6 月

目录

海绵城市

海绵城市是新一代城市雨洪管理理念，作用在于解决我国现阶段城市建设环境下的雨水管理问题。海绵城市理念与传统城市雨洪管理方式不同，它不再一味地增加城市雨水排水量，而是改变以往的雨水管理的观念，通过一系列的措施增加城市对于雨水的弹性反应力。通过"排、滞、渗、净、蓄、用"六大环节，让城市能够更好地适应城市雨水环境的变化，减少因城市建设对周边自然环境的影响，创造城市与自然和谐相处的环境。

海绵城市提出的背景

1 我国降水受季风影响，年降水量时空分布不均衡，决定了我国旱涝灾害并存。

东南季风

西南季风

吃不消！

排水系统

2 城市建设过程中对自然环境产生了一定程度上的破坏，削弱了自然环境对雨水的调蓄能力。

3 城市开发导致不透水地面增加，地表径流下渗量减少。

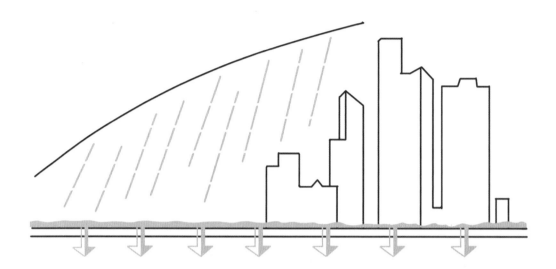

4 城市内涝问题加剧。

什么是海绵城市

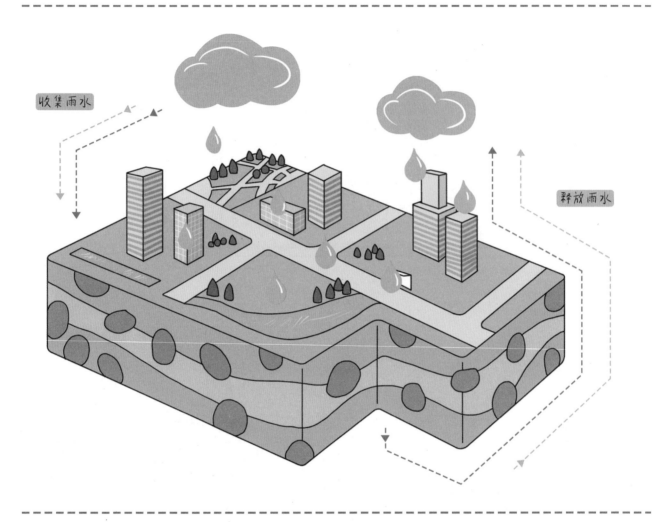

收集雨水

释放雨水

海绵城市是新一代城市雨洪管理理念，指城市像海绵一样，能够对城市降水等自然环境变化做出良好的弹性反应，下雨时吸水，少雨时释放水，缓解城市内涝等问题，从而加强城市对雨水的控制力。

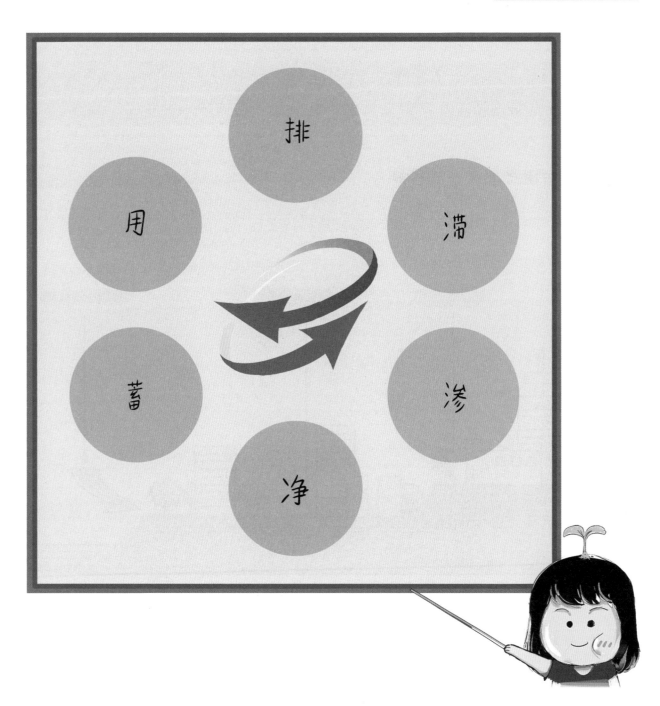

海绵城市理念的特点

海绵城市理念与传统城市雨洪管理方式有何区别？

> 传统城市雨洪管理方式目的在于快速排放城市雨水径流，减少城市雨水径流对城市正常秩序的干扰，强调雨水的汇集、排放。

● 传统城市雨洪管理方式图解

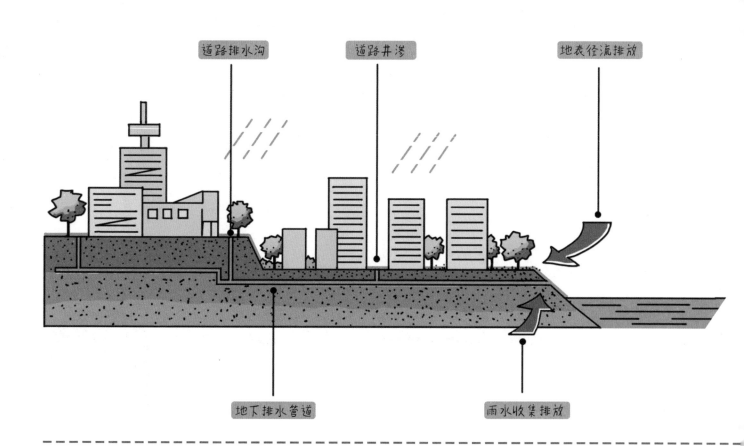

海绵城市理念强调保护和修复水生态系统，缓解城市水资源问题；强调雨水循环过程，构建与完善城市雨水循环系统。

● 海绵城市雨水处理方式图解

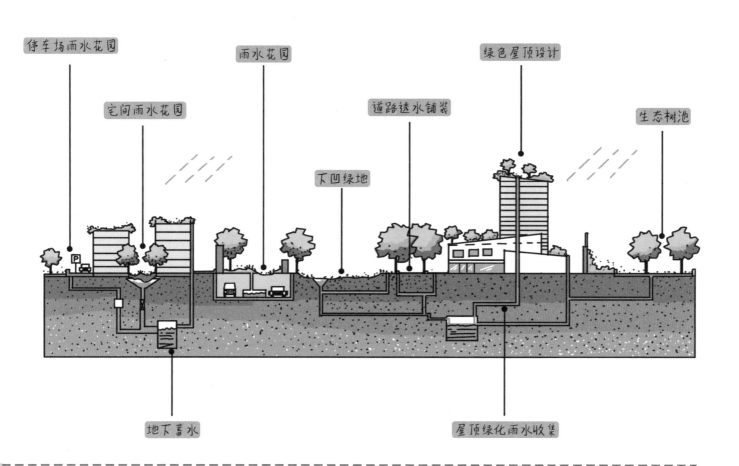

停车场雨水花园

宅间雨水花园

雨水花园

下凹绿地

道路透水铺装

绿色屋顶设计

生态树池

地下蓄水

屋顶绿化雨水收集

海绵城市的建设意义

① 缓解城市内涝

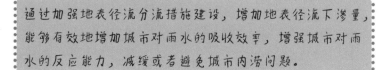

通过加强地表径流分流措施建设，增加地表径流下渗量，能够有效地增加城市对雨水的吸收效率，增强城市对雨水的反应能力，减缓或者避免城市内涝问题。

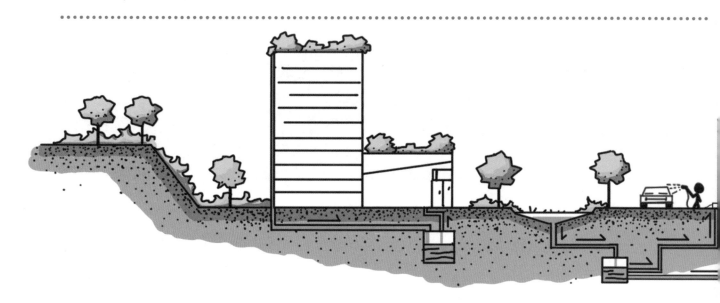

② 改善城市自然景观

海绵城市通过构建城市水循环系统，改善城市生态系统现状，提升城市自然环境品质，为城市提供更好的自然景观。

③ 构建城市水循环系统

海绵城市通过"排、滞、渗、净、蓄、用"六大措施相结合的方式，能够对城市雨水资源起到较好的调节作用，改善城市水环境，构建和完善城市水循环系统。

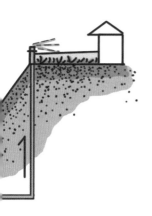

海绵城市六大要素图解
1.海绵城市构成要素——排

海绵城市排水图解

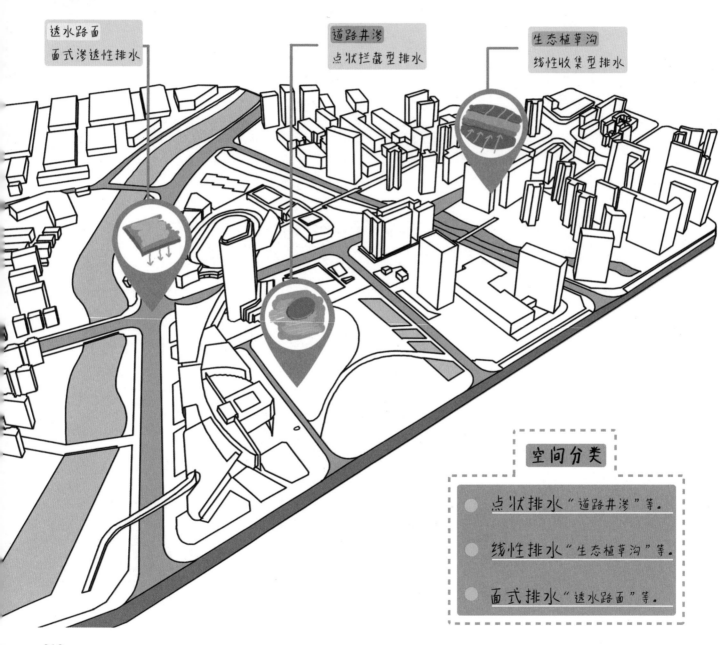

透水路面
面式渗透性排水

道路井渗
点状拦截型排水

生态植草沟
线性收集型排水

空间分类

- 点状排水"道路井渗"等。
- 线性排水"生态植草沟"等。
- 面式排水"透水路面"等。

收集型排水

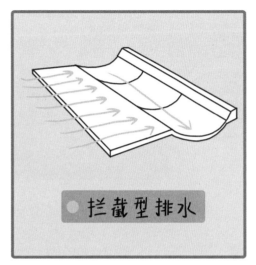

拦截型排水

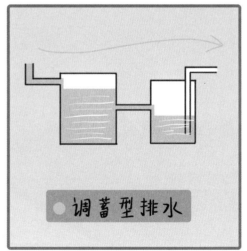

调蓄型排水

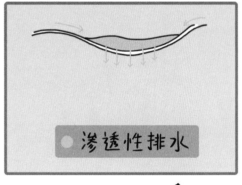

渗透性排水

常见 "海绵" 排水类型

2.海绵城市构成要素——滞

海绵城市雨水滞留措施图解

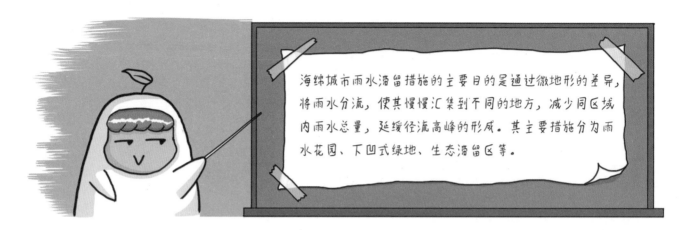

海绵城市雨水滞留措施的主要目的是通过微地形的差异，将雨水分流，使其慢慢汇集到不同的地方，减少同区域内雨水总量，延缓径流高峰的形成。其主要措施分为雨水花园、下凹式绿地、生态滞留区等。

雨水花园

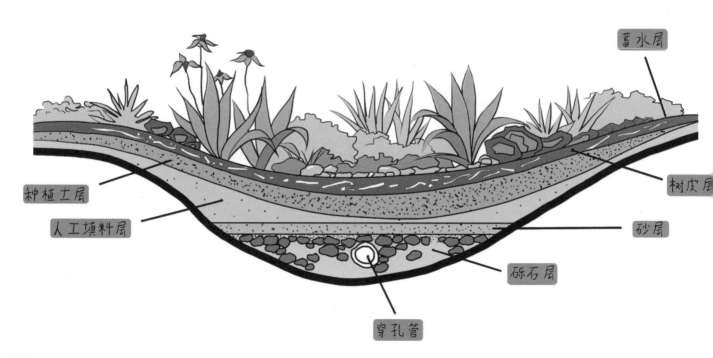

种植土层

人工填料层

蓄水层

树皮层

砂层

砾石层

穿孔管

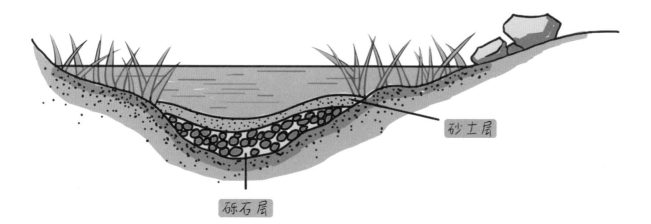

砂土层

砾石层

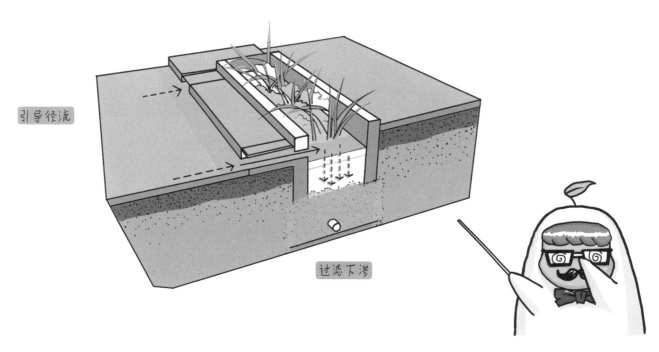

引导径流

过滤下渗

3.海绵城市构成要素——渗

海绵城市透水道路图解

"渗"作为海绵城市建设的重要措施，能够增加地表径流下渗量，减少地表径流量，同时通过土壤净化水质，涵养地下水等。还能通过地下蓄排水层与排水管道，完成对雨水资源的输送、收集。

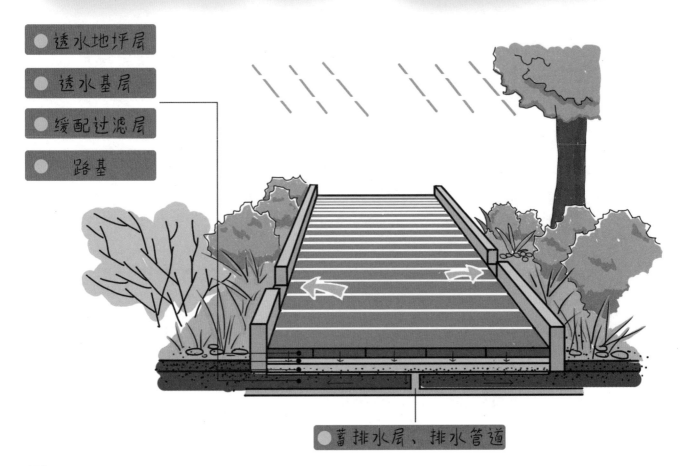

● 透水地坪层

● 透水基层

● 缓配过滤层

● 路基

● 蓄排水层、排水管道

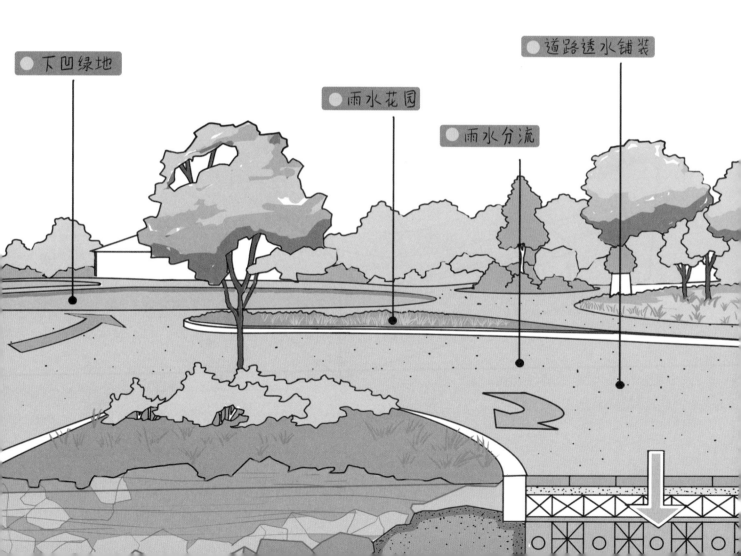

景观雨水下渗图解

海绵城市景观中，雨水下渗主要通过雨水分流、滞留、下渗三环节不同措施的配合，使景观中的雨水下渗更加高效。

下凹绿地

雨水花园

雨水分流

道路透水铺装

4.海绵城市构成要素——净

雨水渗滤净化图解

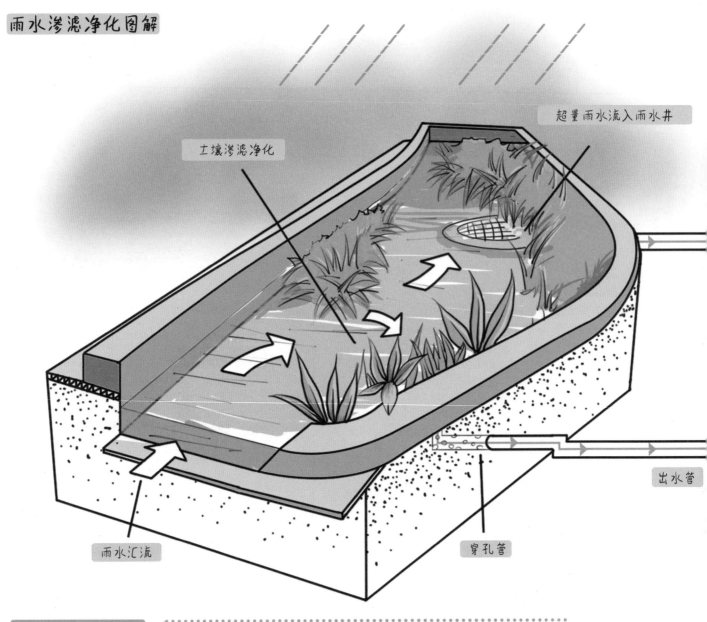

土壤渗滤净化

超量雨水流入雨水井

雨水汇流

穿孔管

出水管

● 雨水汇流收集

首先对城市雨水径流进行汇流收集，再通过土壤下渗、道路井渗等方式，将一部分雨水导入地下次级净化池过滤净化收集；另一部分雨水则通过城市集中处理设计进行净化处理。

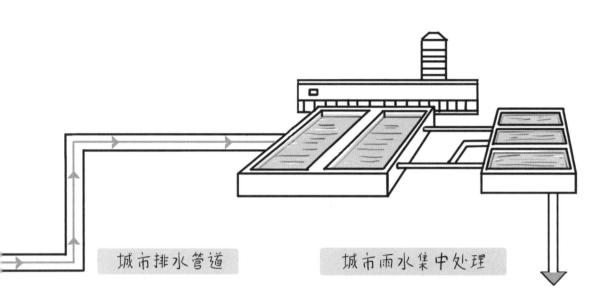

城市排水管道

城市雨水集中处理

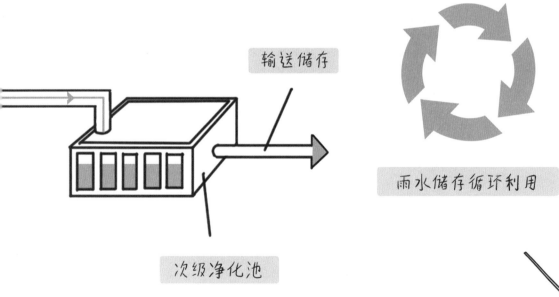

输送储存

次级净化池

雨水储存循环利用

5.海绵城市构成要素——蓄

海绵城市蓄水模块示意图

海绵城市"蓄"主要是将海绵措施滞留、下渗的雨水进行收集净化进而运输储存的过程，能够起到一定的调蓄和错峰的作用。

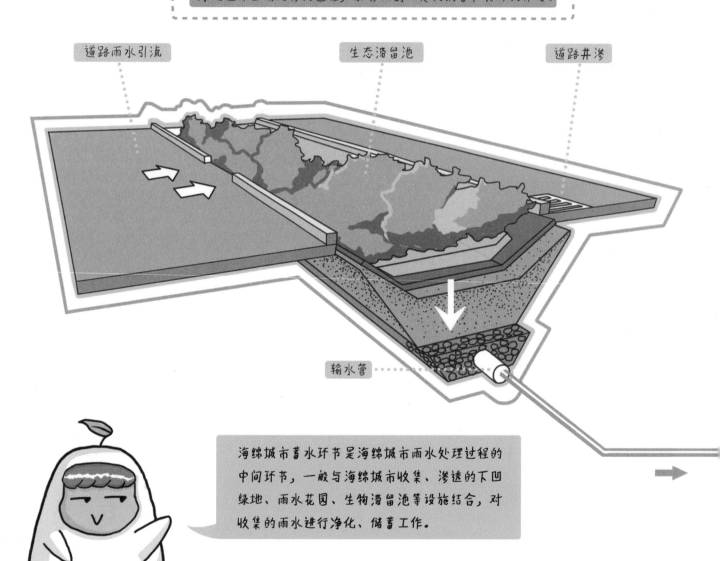

道路雨水引流　　　　　生态滞留池　　　　　道路井渗

输水管

海绵城市蓄水环节是海绵城市雨水处理过程的中间环节，一般与海绵城市收集、渗透的下凹绿地、雨水花园、生物滞留池等设施结合，对收集的雨水进行净化、储蓄工作。

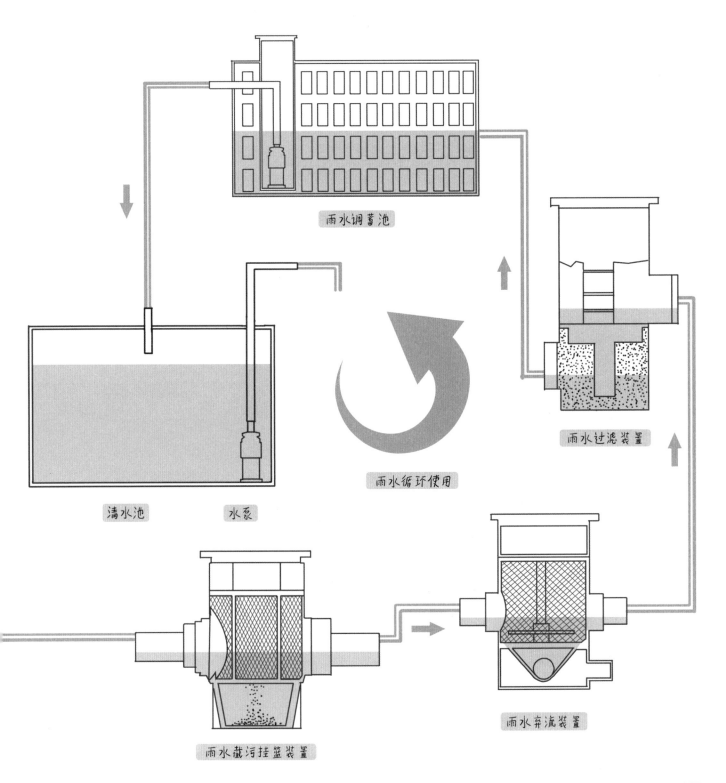

雨水调蓄池

清水池　　　水泵

雨水循环使用

雨水过滤装置

雨水截污挂篮装置

雨水弃流装置

6.海绵城市构成要素——用

海绵城市雨水资源再利用图解

通过土壤净化、地下蓄水净化模块、生物处理多层净化之后的雨水利用率大大提升。海绵城市这样的雨水处理方式，不仅能够缓解城市内涝，还可以将其净化的雨水重复利用，真正构建起城市的水循环体系。

城市养护

生活用水

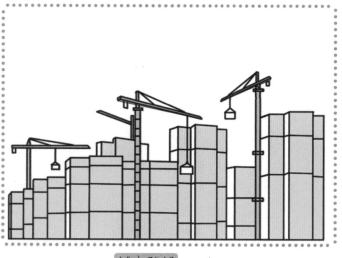

城市建设

城市水景

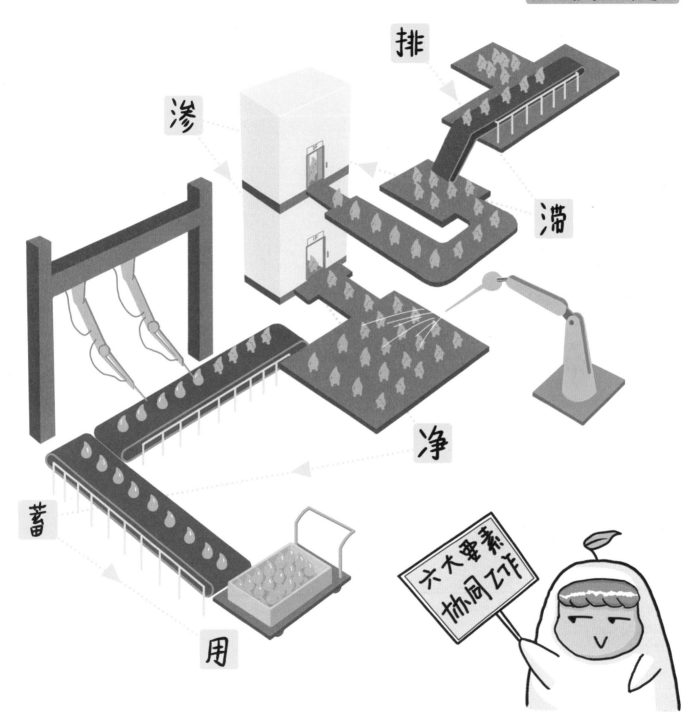

排

渗

滞

净

蓄

用

六大要素
协同工作

海绵城市具体措施图解

1.城市道路海绵措施图解

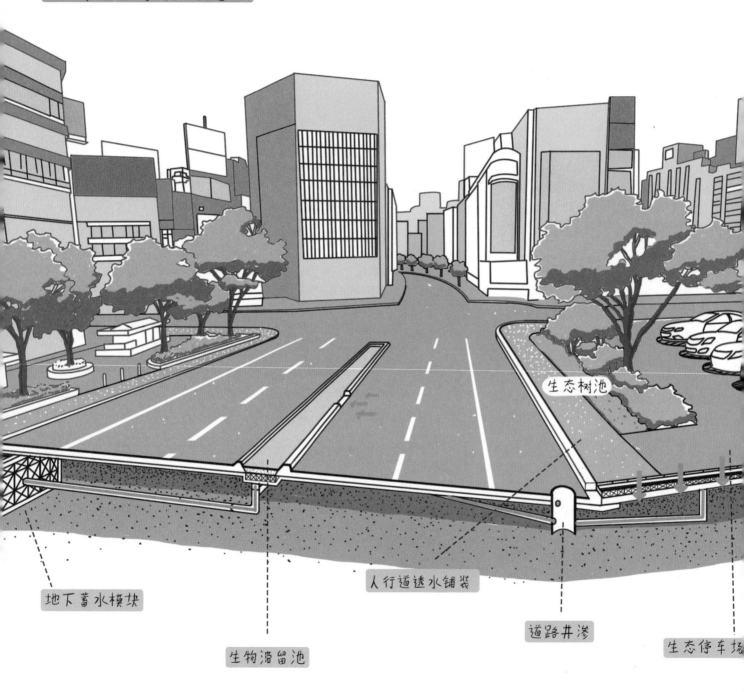

生态树池

地下蓄水模块

人行道透水铺装

生物滞留池

道路井渗

生态停车场

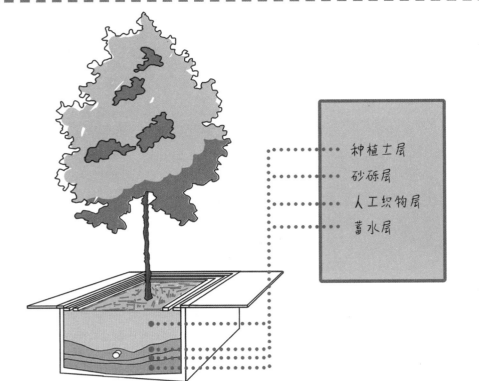

种植土层

砂砾层

人工织物层

蓄水层

生态停车场

停车场

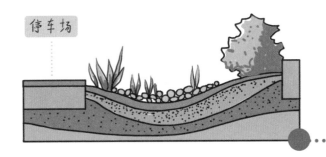

下凹式绿地

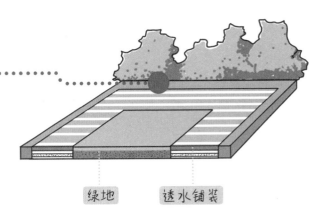

绿地　　透水铺装

2.传统住宅区海绵策略

住宅区道路采用透水铺装，增加雨水下渗，并通过道路两侧生物滞留池消纳道路周边雨水。

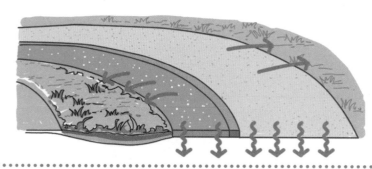

小区道路

生态植草沟

生态树池

透水铺装

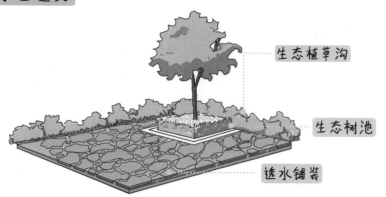

增加开放式生态树池、生态植草沟等设施，消解地面雨水。地面采用透水铺装，增加雨水下渗。

活动场地

住宅区宅间绿地一般设置有雨水花园，通过植物、卵石、细砂、土壤四个环节完成雨水的过滤下渗。

宅间绿地

绿地系统

道路透水铺装

雨水收集系统

密集型屋顶通过选择多种类型的植物，打造层次丰富的植物组合，构建屋顶花园，增加公共活动空间，打造宜人的空间环境，增加建筑屋顶对雨水的反应能力。

透水铺装
透水基层
过滤层
排水层
防水层

案例分析

德国汉诺威市kronsberg生态城区

——雨水管理分析

康斯伯格（kronsberg）城区位于德国下萨克森州首府汉诺威市东南，在2000年德国世界博览会"人类-自然-科技"的主题下，城区建设充分体现了生态人居的思想，成为欧洲生态化居住的模范区。

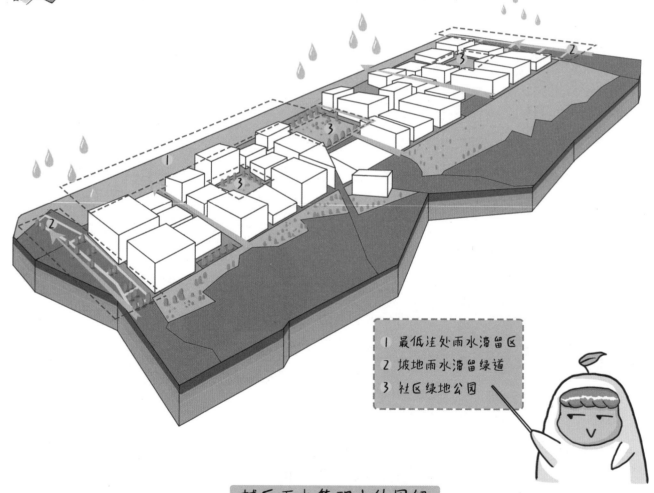

1 最低洼处雨水滞留区
2 坡地雨水滞留绿道
3 社区绿地公园

城区雨水管理立体图解

生态雨水滞留渗透设施设计

井渗

排水沟

1.街道排水系统

2.雨水汇集系统

3.坡地雨水绿道系统

4.雨水渗滤系统

5.雨水滞留区

1.街道排水系统

街道排水沟剖面

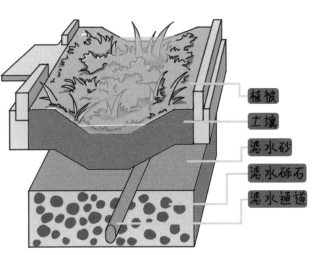

- 植被
- 土壤
- 滤水砂
- 滤水砾石
- 滤水通道

井渗排水系统剖面

井渗格栅

出水口

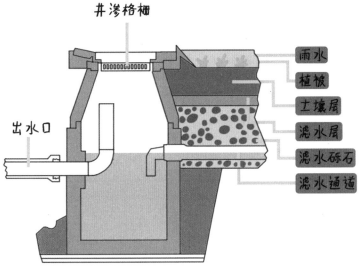

- 雨水
- 植被
- 土壤层
- 滤水层
- 滤水砾石
- 滤水通道

2.雨水汇集系统

城区通过地面输水沟将住宅周边雨水进行导流汇集。

3.坡地雨水绿道系统

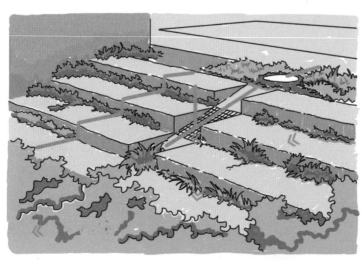

城区设计过程中巧妙地将城区内坡道与绿地相结合，使雨水在下流的过程中能够完成一定的下渗，对地表径流起到一定的削减作用，减缓地面排水压力。

超量雨水滞
留下渗绿地

人行道雨
水下渗

道路两侧
雨水下渗网

360·
无死角
！！

5. 雨水滞留区

城区内设置有大型雨水滞留区
域并与城区景观相结合，打造
生态化城区雨水景观。

雨水花园

雨水花园作为海绵城市低影响开发（LID）中的一项重要措施，近年来在我国得到了大力的推广，并取得了良好的效果。

雨水花园是自然形成的或人工挖掘的浅凹绿地，运用景观化的处理方法，将植物、砂土与城市景观相融合，让雨水花园不仅能够对雨水起到收集、渗透、净化的作用，还充满着艺术气息，是一种生态可持续的雨洪控制与雨水利用设施。

雨水花园与传统花园的区别

传统花园不也有草坪植物么？
传统花园不也是可以渗透雨水么？
那传统花园和雨水花园的区别在哪里？

① 构造差异：土壤差异

传统花园

树皮层

种植土层

传统花园土壤一般直接采用原土，若考虑到肥力问题，可能只进行更换表层土，施加肥料等措施，土层处理简单。

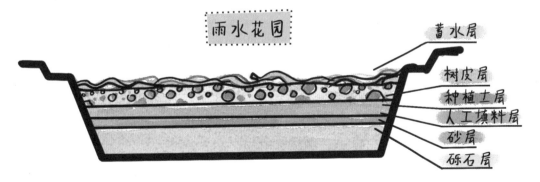

雨水花园

蓄水层
树皮层
种植土层
人工填料层
砂层
砾石层

雨水花园要求雨水在短时间内下渗净化，一般1至4小时之内下渗完毕。因此土壤结构较传统花园而言渗水性强，相对传统花园具有更复杂的土层结构。

植物选配差异

老板说：每天要定时浇水，两个星期施一次肥，有空还要杀杀虫。

传统花园

传统花园的植物，是根据当地的气候条件、业主的支付意愿和管理能力来选配，以观赏型的草坪、植物为主。

雨水花园

春风吹又生

"自生自灭"

雨水花园特殊的功能性和后期的自给自足性决定其选配的植物必须具有一定的抗逆性，根系发达，生长强势，可以经受长期的干旱以及短期的水涝。

② 建造目的

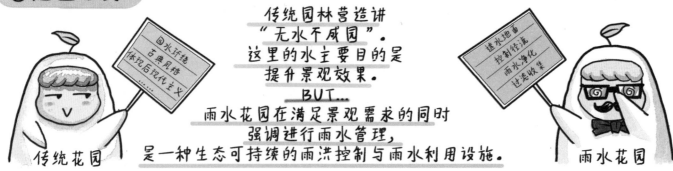

传统园林营造讲
"无水不成园"。
这里的水主要目的是
提升景观效果。
BUT...
雨水花园在满足景观需求的同时
强调进行雨水管理，
是一种生态可持续的雨洪控制与雨水利用设施。

传统花园

回水环绕
古典风格
体现后现代主义
……

透水地面
控制径流
雨水净化
过滤收集

雨水花园

雨水花园的工作原理

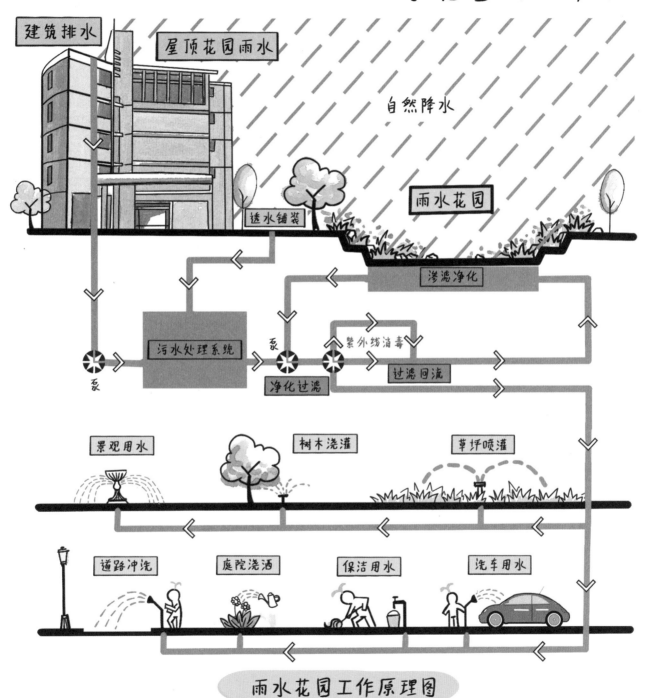

建筑排水

屋顶花园雨水

自然降水

雨水花园

透水铺装

渗滤净化

污水处理系统

泵

净化过滤

紫外线消毒

过滤回流

景观用水

树木浇灌

草坪喷灌

道路冲洗

庭院浇洒

保洁用水

洗车用水

雨水花园工作原理图

雨水花园的功能

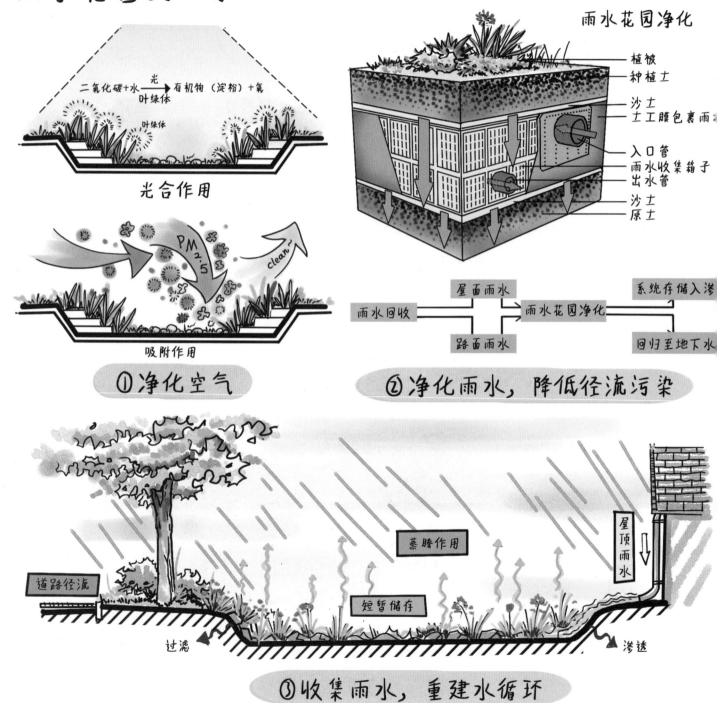

二氧化碳+水 $\xrightarrow[\text{叶绿体}]{\text{光}}$ 有机物（淀粉）+氧

叶绿体

光合作用

PM2.5

clean

吸附作用

①净化空气

雨水花园净化

植被
种植土
沙土
土工膜包裹雨
入口管
雨水收集箱子
出水管
沙土
原土

雨水回收 — 屋面雨水 → 雨水花园净化 → 系统存储入渗

路面雨水 — 回归至地下水

②净化雨水，降低径流污染

蒸腾作用

短暂储存

道路径流

屋顶雨水

过滤

渗透

③收集雨水，重建水循环

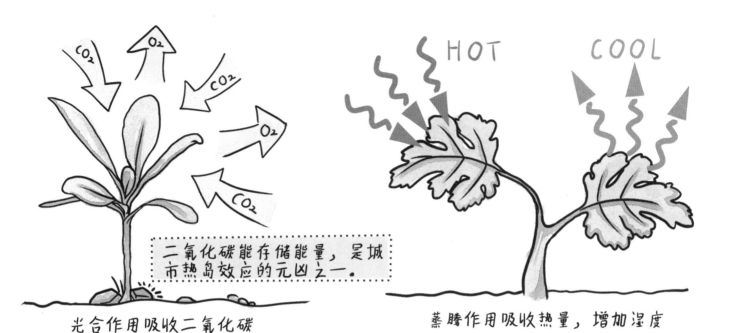

二氧化碳能存储能量，是城市热岛效应的元凶之一。

光合作用吸收二氧化碳

蒸腾作用吸收热量，增加湿度

④缓解城市热岛效应

选用本地植物

没有入侵物种

减少农药用量

雨水蓄滞

野生动物管理

⑤保护生物多样性

雨水花园的植物配置原则

Nice to meet you ~my friend~
请多多指教~

★ # ♂ § ‰ ∈ ※ → @ & ◎
☆ № ♀ ← △ ↑ ℃ Ⅵ な......

①优先选用本土植物，适当搭配外来植物

我们有三大作用！

1.吸收氮磷物质！

2.提供微生物！

3.拦截雨水污染......

②根系发达、茎叶繁茂、净化能力强的植物

吃苦

"耐涝"

③选用既耐涝又抗旱的植物

我们可以帮助吸引蜜蜂、蝴蝶等昆虫，创造更加优美的景观效果哦~

我们在一起能构成复合式植物床，帮助氮的降解，提供水体净化能力~

④多选用开花植物

⑤选用可搭配种植的植物

植物在雨水花园中的作用

　　植物是雨水花园中的主角，在雨水花园植物配置前，我们首先要明确所设计的植物在湿地中要达到的预期功用。

植物在生长过程中吸收碳、氮、磷等元素物质，有些植物能分泌毒素类物质来杀灭细菌。

①滞留污染物

群落有时候能限制水流和风速，对蓄积洪水污染物、降低大风导致的沉积物再悬浮都有明显作用。

②减慢水流和风速

适宜的植物配置具有很高的观赏价值，能增强湿地周围环境的旅游价值。

③美学价值

某些植物如蜜源植物等，能为鸟类或者其他动物提供食物或者栖息地。

④野生动植物栖息地

雨水花园的类型
以建造目的分类

①以控制径流污染为目的

  以控制径流污染为目的的雨水花园也被称作生物滞留区域，其主要功能是控制初期雨水径流污染，一般适用于污染较严重的区域，例如停车场、广场、道路的周边。可利用雨水花园的植物、土壤等形成的生物滞留区域处理污染较严重的初期雨水。

以停车场中的雨水花园为例

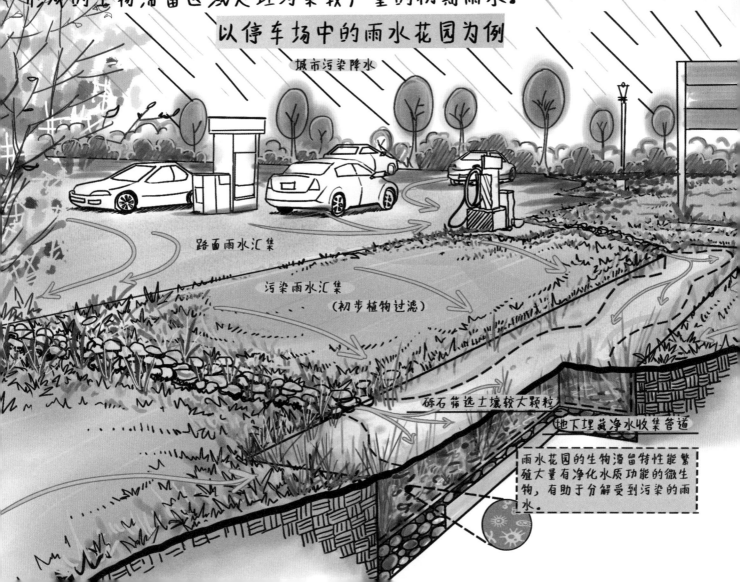

城市污染降水

路面雨水汇集

污染雨水汇集

（初步植物过滤）

砾石筛选土壤较大颗粒

地下埋藏净水收集管道

雨水花园的生物滞留特性能繁殖大量有净化水质功能的微生物，有助于分解受到污染的雨水。

②以控制径流量为目的

　　以控制径流量为目的的雨水花园的主要功能是减少区域雨洪径流量，一般适用于处理水质相对较好的小汇流面积的雨水，如公共建筑或小区中的屋面雨水、污染较轻的道路雨水、城乡分散的单户庭院径流等。由于污染较轻，这种雨水花园往往更有观赏效果。

以小区街道中的雨水花园为例

引流管道

过滤土层

市政下水管道

市政水管道
市政瓦斯管道
屋面雨水收集管道
道路透水铺装
雨水收集管道
根系发达的观赏型植物

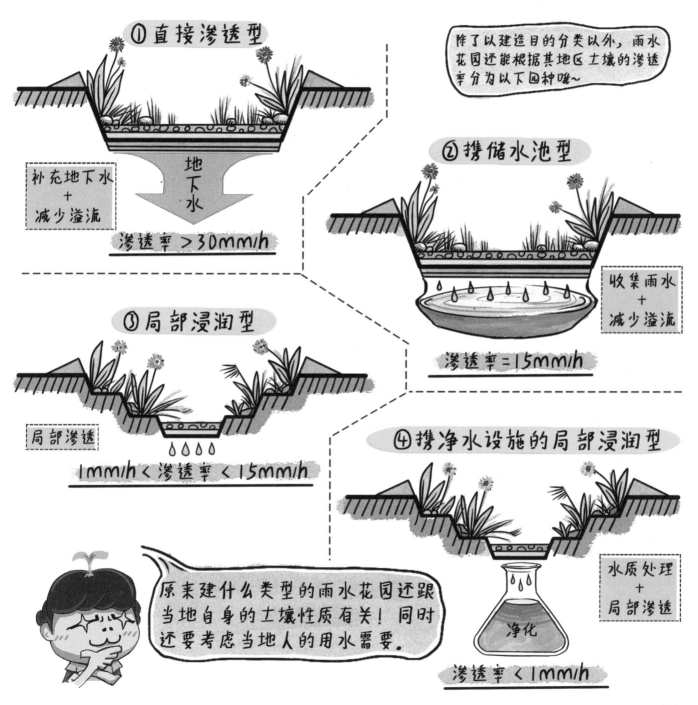

① 直接渗透型

补充地下水 + 减少溢流

地下水

渗透率 > 30mm/h

除了以建造目的分类以外，雨水花园还能根据其地区土壤的渗透率分为以下四种唉~

② 携储水池型

收集雨水 + 减少溢流

渗透率 = 15mm/h

③ 局部浸润型

局部渗透

1mm/h < 渗透率 < 15mm/h

④ 携净水设施的局部浸润型

水质处理 + 局部渗透

净化

渗透率 < 1mm/h

原来建什么类型的雨水花园还跟当地自身的土壤性质有关！同时还要考虑当地人的用水需要。

案例分析

案例一 以控制径流污染为目的

—— 西德威尔友谊中学(Sidwell Friends middle school)

1.雨水收集系统

"这是一所把雨水收集和利用吃到肚子里的教育基地哟~"

学校位于美国华盛顿，作为雨水综合设计网络示范点，其建筑和景观将雨水利用作为学校运作的一部分，并列入教学课程内容之中。

① 原中学建筑
② 增建绿色屋顶
③ 室外课堂
④ 生态池塘
⑤ 雨水花园
⑥ 生态湿地
⑦ 解析性显示的滴流过滤器

剖面简图

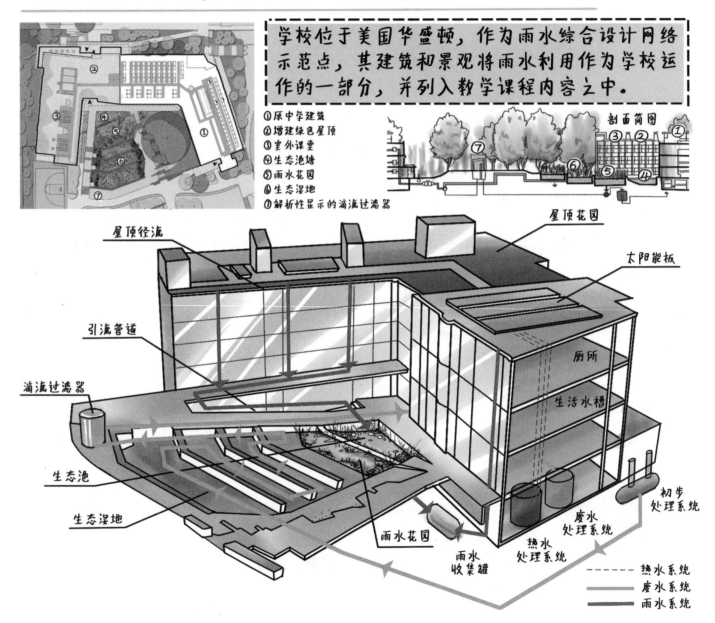

屋顶花园

太阳能板

屋顶径流

引流管道

厕所

生活水槽

滴流过滤器

生态池

生态湿地

雨水花园

雨水收集罐

热水处理系统

废水处理系统

初步处理系统

- - - - - 热水系统
———— 废水系统
━━━━ 雨水系统

2.雨水收集方式

通过不同尺度的管理模式，sidwell 中学从雨水花园的直接下渗型收集，到屋面雨水的初步净化型收集都做出了示范性的设计。

径流下渗

屋面收集

屋面收集 学校在其建筑内安装导流管，把平时降落到屋顶的雨水引流到教学楼前方的生态池塘，由水中的动植物完成一系列净化渗透。

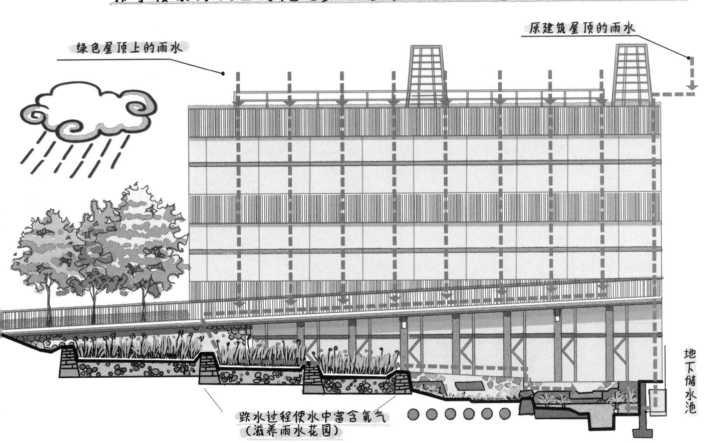

绿色屋顶上的雨水

原建筑屋顶的雨水

跌水过程使水中富含氧气
（滋养雨水花园）

地下储水池

3.径流收集

雨水收集主要通过2种手段：

①屋面雨水收集：雨水通过导流管进入生态池，由动植物完成一系列的净化。

②路面雨水收集：雨水汇入地势较低的雨水花园，下渗至地下储水池，叠水式增加了景观效果。

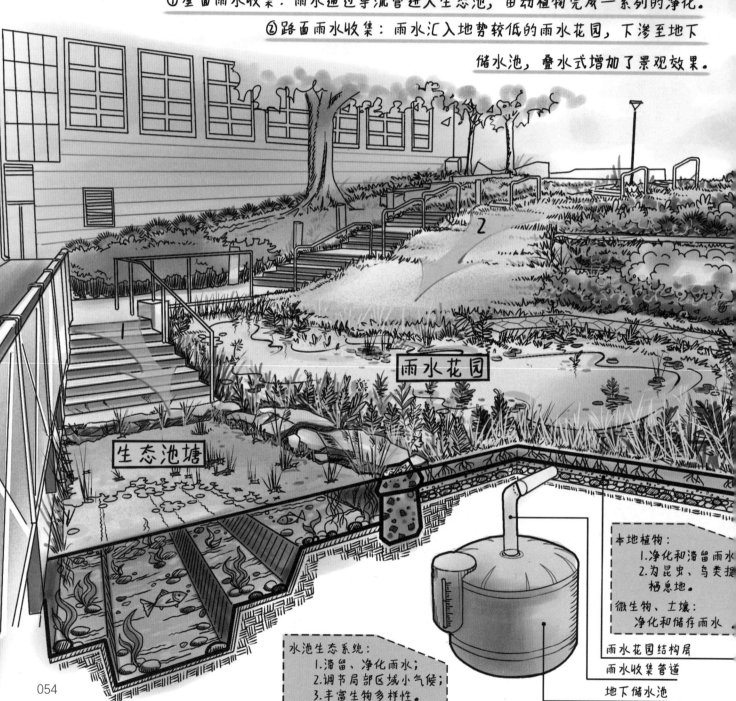

雨水花园

生态池塘

水池生态系统：
1. 滞留、净化雨水；
2. 调节局部区域小气候；
3. 丰富生物多样性。

本地植物：
1. 净化和滞留雨水
2. 为昆虫、鸟类提供栖息地。

微生物、土壤：
净化和储存雨水

雨水花园结构层
雨水收集管道
地下储水池

案例二 以控制径流量为目的
——俄勒冈州会议中心（oregon convention center）

USA　　 OREGON　　PORTLAND

2.建设背景

该地区位于美国西北部，雨量充沛。由于雨水管道与市政排水管道重叠，道路、屋顶的雨水随意排放，形成大量洪涝径流，同时造成水体污染。

俄勒冈州会议中心

设计方

Mayer/Reed

Mayer/Reed 成立于 1977 年，是一家位于俄勒冈州波特兰市的 27 人设计团队，为人们生活工作和娱乐的环境提供景观建筑城市设计、视觉传达和产品设计服务。Mayer/Reed 工作室的设计源于一个探索每个地方的社会、文化、生态和历史背景的过程，从而产生与真实身份共鸣的空间。在更新场地品质的同时更加注重生态元素的介入。

3.功能分析 --------------------------------------

六大功能：

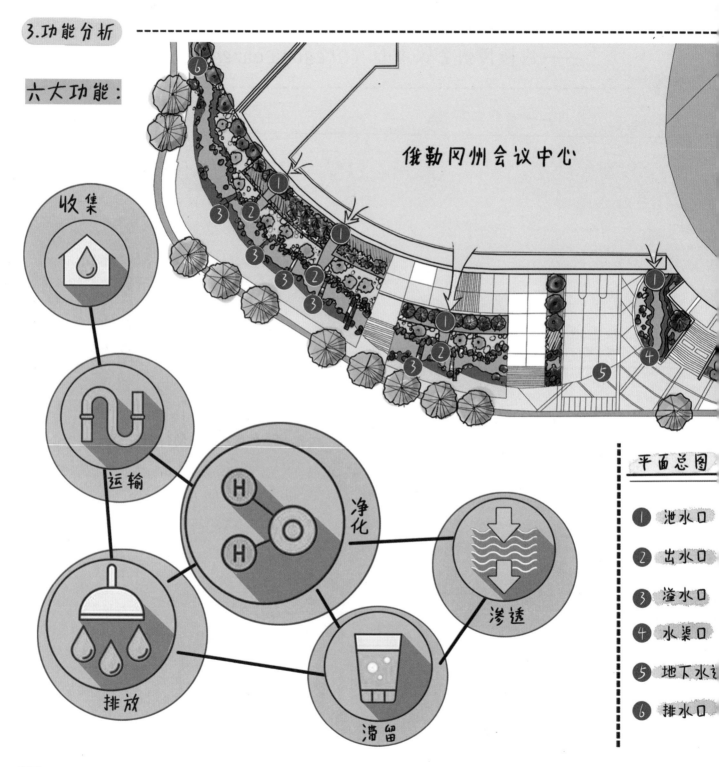

俄勒冈州会议中心

收集

运输

净化

排放

滞留

渗透

平面总图

1 泄水口
2 出水口
3 溢水口
4 水渠口
5 地下水
6 排水口

056

屋顶积水

泄水口

由于波特兰市常年降水充沛，俄勒冈州会议中心的屋顶积水需通过建筑外立面上的泄水口排入旁边的雨水花园中，形成跌水景观效果。

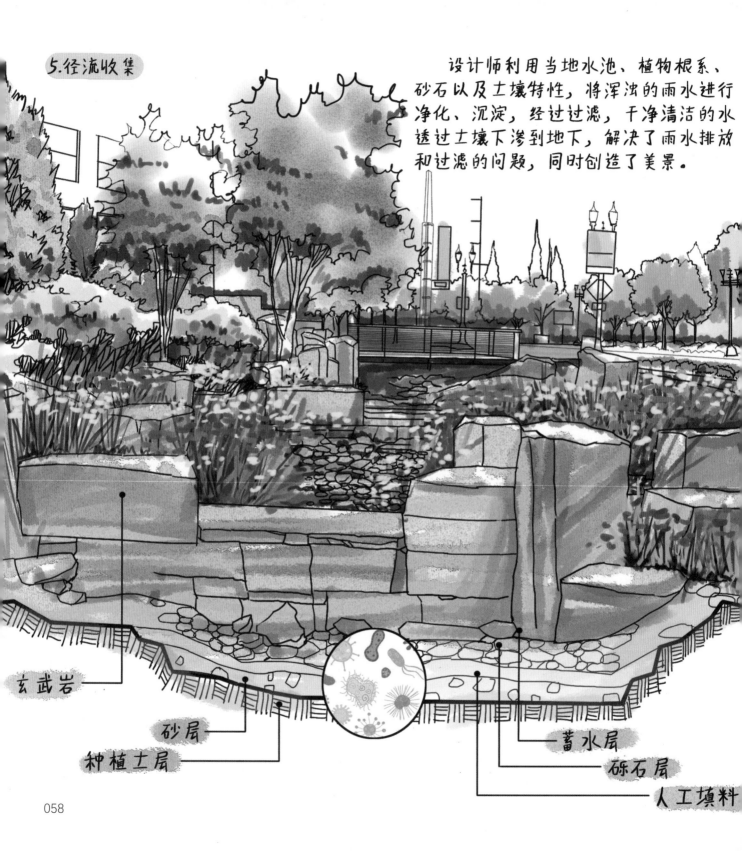

5.径流收集

设计师利用当地水池、植物根系、砂石以及土壤特性，将浑浊的雨水进行净化、沉淀，经过过滤，干净清洁的水透过土壤下渗到地下，解决了雨水排放和过滤的问题，同时创造了美景。

玄武岩

砂层

种植土层

蓄水层

砾石层

人工填料

6.实用目标

俄勒冈州会议中心外延区域的雨水花园是针对当地气候特征设计而成的，在具备美观功能效果的同时，设计团队也充分考虑到其实用目标价值。

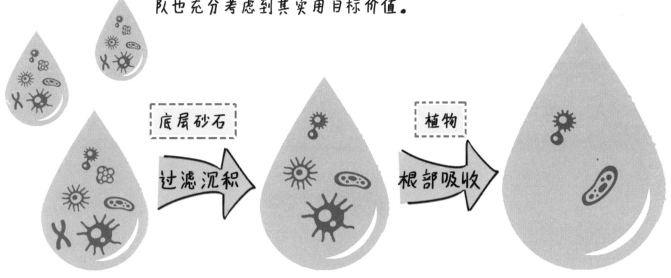

底层砂石

过滤沉积

植物

根部吸收

减少雨水中的污染物负荷

径流上游

宏观上看，雨水花园有利于调节地区上下游的径流量和径流速率，在净化水质的同时预防雨洪灾害。

径流下游

减少径流对下游的损害

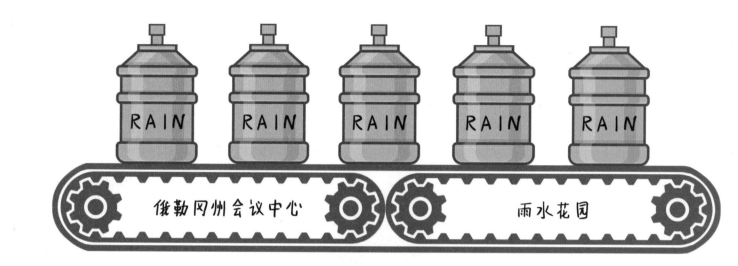

有效地转移雨水

景观用水

庭院浇洒

草坪喷灌

保洁用水

恢复或创造栖息地 捕获雨水以便再利用

功能拓展

随着时代发展，雨水花园在满足雨水收集利用和景观美化功能的基础上，逐步发展出更加丰富的社会服务功能：

排水系统

交通系统

社区系统

教育系统

通过连接地表径流和地下渠道，设计更为生态的雨水处理系统。

随着城市的发展，雨水花园规模扩大，随之融入更生态性的交通系统。

通过连接多个雨水花园节点逐步形成大规模生态景观社区系统。

自带雨水处理净化功能的雨水花园是一本活生生的城市生态景观教科书。

形式拓展

在未来，雨水花园的应用范围将会越来越广泛，涉及社会各阶层不同人群的需求，其依附的发展形式具体有以下几种：

城乡规划用地

康养小镇景观

休闲农庄

田园综合体

在城市规划中加入雨水花园的概念是从宏观角度出发缓解生态矛盾。

自带绿色生态性质的雨水花园能有效融入康养地区的主题氛围之中。

农业生产是雨水花园未来发展的重要载体，两者具备形式上的契合度。

雨水花园的生态教育作用能有效提升田园综合体的宣传效益。

绿色屋顶

近年来，随着城市的不断发展，城市化进程加快和人口增多，城市人均绿地占有面积越来越少。单靠有限的土地资源扩大城市绿地面积，既不经济也不现实。绿色屋顶是融合建筑艺术和绿化艺术为一体的综合性现代技术，可使城市建筑物的空间潜能与绿色植物的多种效益得到良好的结合和充分的发展。是解决绿地与能源问题，改善城市气候，提高建筑节能效率的最佳途径之一。随着技术和观念的成熟，绿色屋顶将会有越来越多的形式和城市相协调，具有广阔的发展前景。

绿色屋顶的建设背景
发展脉络和现状

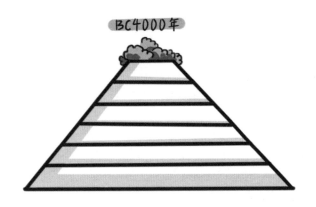

BC4000年

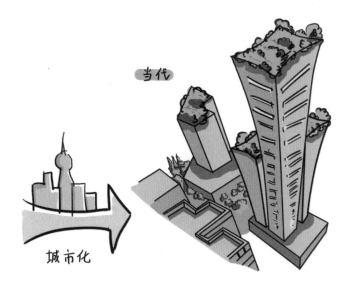

当代

公元前4000年，建筑和农业的先驱们在祭祀用的金字形神塔上建造了简单的有植物的漂亮屋顶和花园。

伴随着城市化的进程，绿色屋顶更为丰富，并缓解着城市化带来的问题。

 城市化引发的问题

①停车场及道路铺装的不可渗透性

- 非点源性污染
- 氮磷营养物质
- 路面沉积物

城市建筑材料的不可渗透性，雨水直接携带非点源性污染物及路面沉淀物汇入水流中。

② 热岛效应

③ 空气污染

城市气温高于郊区气温，影响居民生活健康。

城市化过程中对环境造成的危害真的不小呢！

1973~1992年，北美的亚特兰大都市化是以380000acre的森林作为代价。（1acre=4046.856㎡）

正因如此，政府会对环境问题做适当的管控。

一些欧洲地区会将绿色屋顶作为非立法的强制性标准来执行。

绿色屋顶的含义及分类

那么到底什么才是绿色屋顶呢？

"绿色屋顶"作为一个广义的术语，指的是那些构建在建筑顶面的作为一个特殊部分的具有可持续性功能的屋顶。

绿色屋顶简单来说就是将屋顶当作地面做绿化。

屋顶的概念延伸或任意高度的建筑面 + 绿化 ➡ 这样就使得绿色屋顶所发挥的效益最大化了！

例如：

停车场

商用民用结构的上层

绿色屋顶有哪几种呢？

分为基础型（也称"简式屋顶绿化"）、集约型（也称"花园式屋顶绿化"）两种。

让我们用表格清晰地看一下二者的不同。

	基础型	集约型
别称	"简式"屋顶绿化	"花园式"屋顶绿化
基质深度	较浅<150mm	较深>150mm
主要用途	雨洪管理与隔离	雨洪管理与娱乐
养护便利程度	低养护	集约化养护管理
植物类型与规模	较单一	多样化
技术程度	简易	复杂

根据用途不同，进行有选择的应用。

绿色屋顶的作用

① 娱乐、休闲、审美

② 参与雨洪管理

③ 都市面积最大化

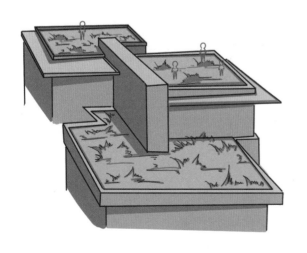

这样来看，绿色屋顶对环境的益处真多啊！

绿色屋顶与传统屋顶的区别

传统建筑中，
屋顶是平的或是斜的，
那么二者各自有何特点呢?

斜屋顶 ← 传统屋顶 → 平屋顶

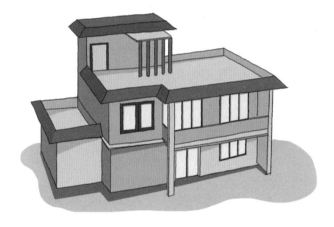

① 利于降水的排放

① 结构简单，可使用更经济实惠的卷材

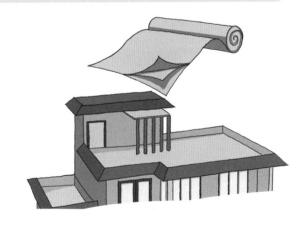

②较高的审美价值　　②既适合跨度大的建筑，也适合于小建筑

这两种传统建筑屋顶作绿色屋顶又各自有何特点呢？

斜屋顶　←——　绿色屋顶　——→　平屋顶

①土壤、植物易因重力下滑　　　　　　①平整易实施

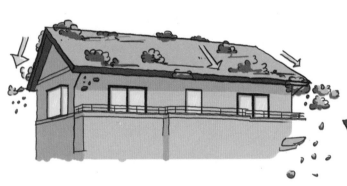 

②构建养护不便

②构建养护方便

③有坡度，不便作为活动场所

③利于水土保持，可作为活动场所

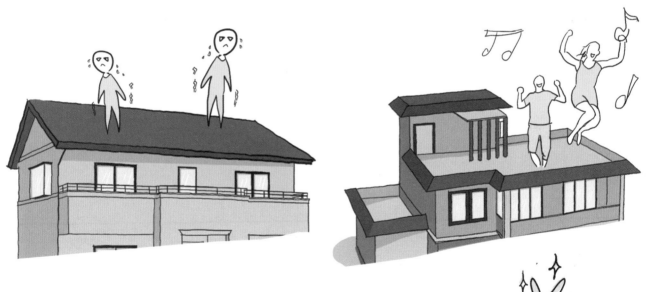

⟹ 可见，**平屋顶**更适合作绿色屋顶

城市角度下的绿色屋顶

非物质效益

绿色屋顶并非只用于美化环境。其对城市，甚至全球的气候、生态都有着超越物质层面的效益哦！

地球的相互关联性，使得系统之间的每个部分都对其他部分有影响。

绿色屋顶带来的生态效益对全球生态环境收益的影响将是巨大的。

① 有价值的开放空间

② 进行雨洪管理

存储雨水，减少雨洪流失。

③ 降低周围温度

④ 减少能源消耗

以上这些效益的影响将具体表现在水和空气质量改变上

①对水质的影响

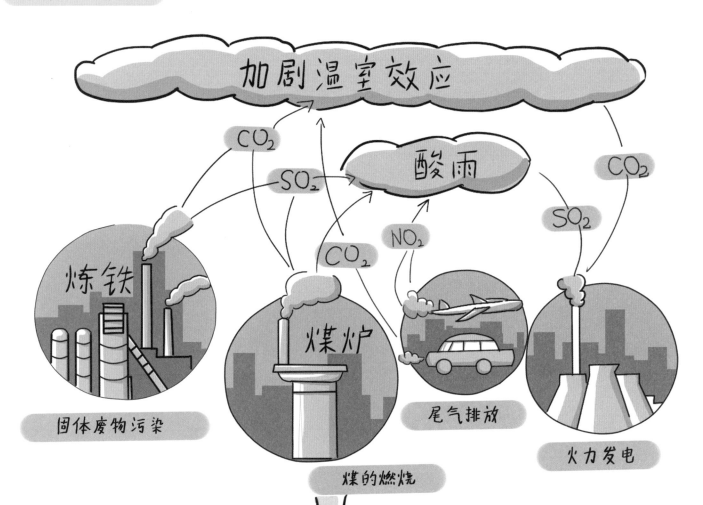

主要污染物来自于化石类燃料的燃烧、运输、能源制造、工业以及制造业生产过程产生。

NO_2、SO_2 及空气中的微小颗粒物，在不可渗透表面冲刷到最近的河流和小溪中。

② 对空气的影响

城市温度升高，需要能量消耗来抵消增加的温度。

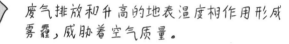

废气排放和升高的地表温度相作用形成雾霾，威胁着空气质量。

更多 CO_2 ，NO_2 排放

人们逐渐认识到都市微气候对环境以及经济有着巨大的影响，很多城市开始采取雨洪管理、控制及减少空气污染的策略。

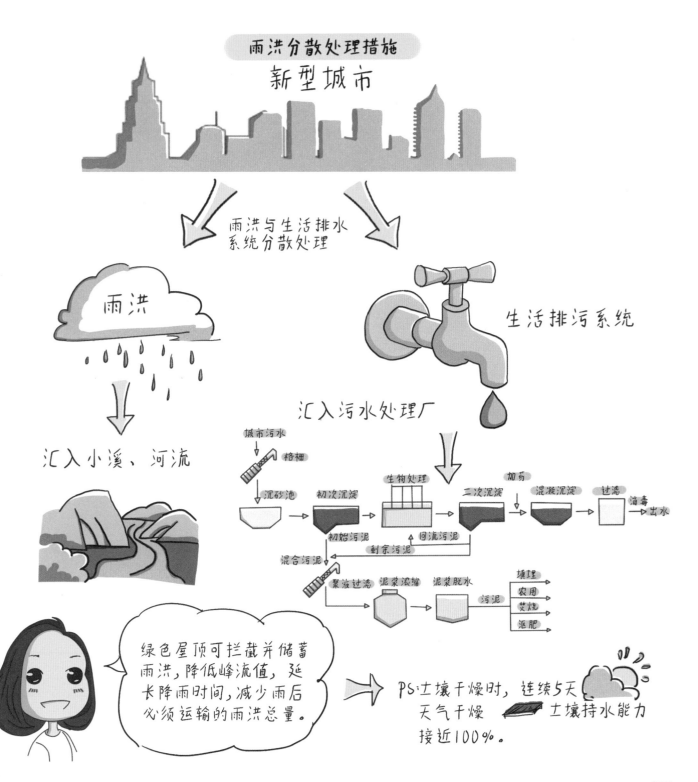

对于整个建筑群产生的不良微气候的影响，绿色屋顶系统的缓解能力是十分有效的。

过滤多余的太阳辐射

挡风

遮阳

项目角度下的绿色屋顶

融合园林和建筑

外空间带来优美的视觉及心理感受，减少建筑之间的中断感。

 医院等疗养空间使用，效果更佳。

德国有强制要求，在设计时应考虑员工从座椅上看到外景。

也为建筑提供了色彩、光线、阴影和芳香，还可作为休憩的地方。

绿色屋顶的组成元素

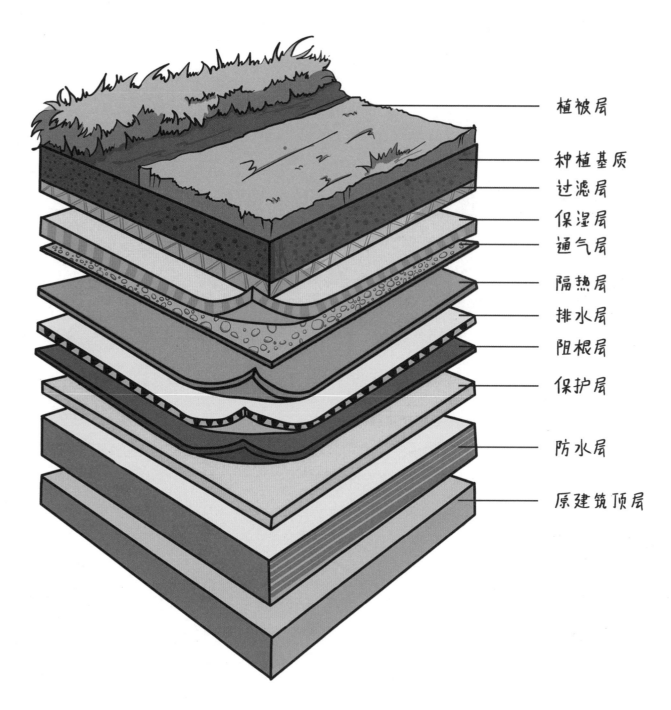

植被层

种植基质

过滤层

保湿层

通气层

隔热层

排水层

阻根层

保护层

防水层

原建筑顶层

固定元素：①屋顶坡面

斜屋顶

■ 美观、排水快。
　植物、土壤易下滑。

平屋顶

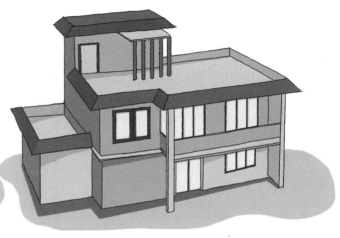

■ 覆盖面积更大的水平面，实用性高。
　易积水，加速房屋老化。

结 ↓ 合

混合型屋顶（微斜）

■ 可容纳有一定重力的排水系统，
　屋顶至少要有1%的最小坡度。

这样来看，微斜的混合屋顶
最适宜作绿色屋顶了。

② 结构板或顶板

结构板或顶板在什么位置上呢？

位置

绿色顶板

顶板

屋顶

 最合适的顶板是加强型水泥，荷载能力强。

- 导热快
- 易将热量改变直接传给植物和生长基质。

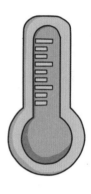

屋顶

✘ 板岩、瓦片金属屋顶不合适。

③ 防水层

看字面的意思防水层就是可将多余的水分排出起到防水的作用。

不仅如此，防水层是所有部件的最后一层，难以修复，要特别注意哦！

④保护层

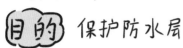 保护防水层

要求 1.耐用，遇水不会变质
2.常用水泥砂浆作保护层

方法 1.排水层或隔热层充当保护板（节约成本）
2.安装永久性的混凝土砂浆保护板

⑤防根穿刺层

 保护防水层不受根系的穿透或穿孔

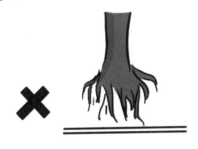

Tips:
最有效的材料，
单层聚乙烯片材。

⑥排水层

 为了过滤和延迟雨洪，排水系统应遍布整个防水层顶部

排水材料

1.河卵石排水集料

4.排水垫

5.排水板

2.轻质排水集料

3.人工合成的排水部件

⑦ 隔热层

目的 冬季❄ 室内保温
夏季☀ 🚫 阻挡外部热量摄入，建筑内凉爽

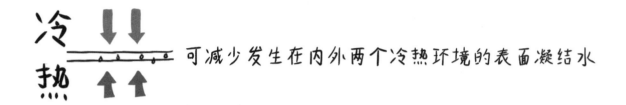

冷
热 可减少发生在内外两个冷热环境的表面凝结水

⑧ 通气垫及通气板

目的 减少水的静压，加大土壤中空气，促进根系生长，
多用于垂直面的墙壁上。

⑨ 保湿垫

目的 吸收多余水分并释放到上层植被层中

用于 排水层下方

⑩ 过滤纤维

目的 防止土壤混合物的颗粒或生长基质流失

不可固定元素

土壤混合物

生长基质

植物

不论是固定还是非固定元素都要根据具体项目以及屋面系统的组成而定。

案例分析
首尔梨花女子大学教学楼设计

景观化的建筑成为校园中心的公共绿地，提供多条穿越路径。

基地位于校园中心，周边环绕着众多城市建筑。

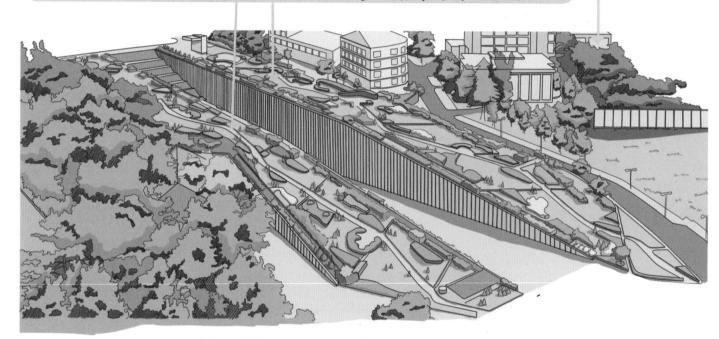

景观化的建筑能让场地和城市连接起来，建筑埋入地底，其上的屋顶成为校园中心的公共绿地。

台湾花莲公寓展示中心

▶ 项目的地点位于海岸边，靠近两河三角洲地带，向西可以看到连绵的山脊，向东可以看到海岸，向北则是花莲市区。以绿色景观带为意向，与自然背景相呼应。

绿色屋顶系统能进一步减少建筑对热量的获取，与条形的建筑体块相结合，创造一个低能耗的建筑项目。

绿色屋顶设计

垂直绿化

垂直绿化也可称为竖向绿化,指在垂直方向上进行的绿化,它包括建筑物的墙面、围墙、栅栏、立柱和花架等方面的绿化。它与地面绿化相对应,在立体空间进行绿化不仅可以增加建筑物的艺术效果, 使环境更加整洁美观、生动活泼, 而且具有占地少、见效快、绿化率高等优点。垂直绿化将绿化建设与建筑物等紧密结合,既不损失绿化面积又能较好地解决建筑占地和绿化用地的矛盾, 从而会有效地提高城市的绿化量, 是对城市建设破坏自然生态平衡的一种最简捷有效的补偿。

垂直绿化是什么

建筑外立面绿化

✔ 山体绿化

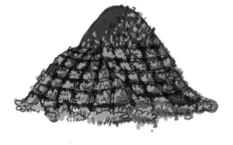

✔ 护坡

✔ 栅栏

✔ 花架

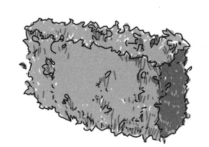

✔ 植物墙

✔ 墙体攀岩植物

垂直绿化的作用

1.遮阴、降温
—— 节能，提高建筑寿命

2.提高湿度
—— 改善舒适度

H_2O

3.保温隔热
—— 降低建筑能耗

CO_2 PM2.5
TSP PM10

$\tilde{O}$
O^-

4.隔声
—— 降低噪声

5.吸收二氧化碳
—— 降低能耗，改善空气质量

6.吸收污染气体，
吸附PM2.5
—— 净化空气

7.产生负氧离子
—— 提高舒适度

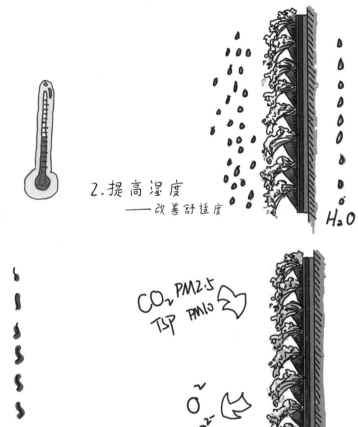
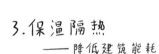

垂直绿化的需求

1.热岛效应

城市热岛效应是指城市因大量的人工发热、建筑物和道路等高蓄热体及绿地减少等因素，造成城市"高温化"，城市中的气温明显高于外围郊区的现象。在近地面温度图上，郊区气温变化很小，而城区则是一个高温区，就像突出海面的岛屿，由于这种岛屿犹如高温的城市区域，所以就被形象地称为"城市热岛"。形成城市热岛效应的主要因素有城市下垫面、人工热源、水汽影响、空气污染、绿地减少、人口迁徙等。因此人们对于城市垂直绿化的需求更为渴求。

2. 人们渴望绿色

　　城市平面绿地面积有限，不足以满足人们对于绿化的要求，垂直绿化正好补充城市平面绿化不足的现象，为营造一个更加绿色的生活空间提供更多的可能性。

垂直绿化系统图解

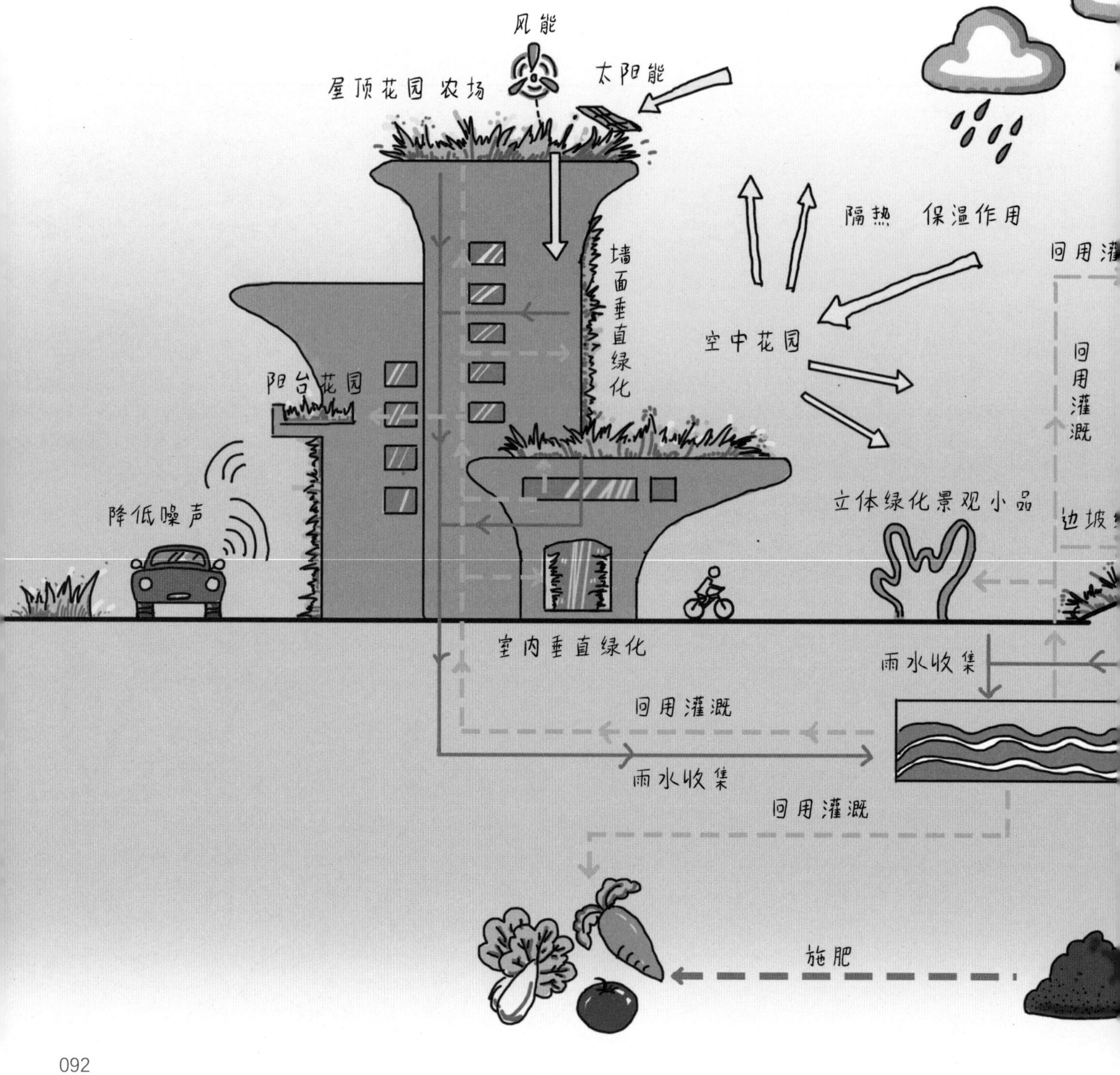

风能

屋顶花园 农场

太阳能

隔热 保温作用

回用灌溉

墙面垂直绿化

空中花园

回用灌溉

阳台花园

降低噪声

立体绿化景观小品

边坡

室内垂直绿化

雨水收集

回用灌溉

雨水收集

回用灌溉

施肥

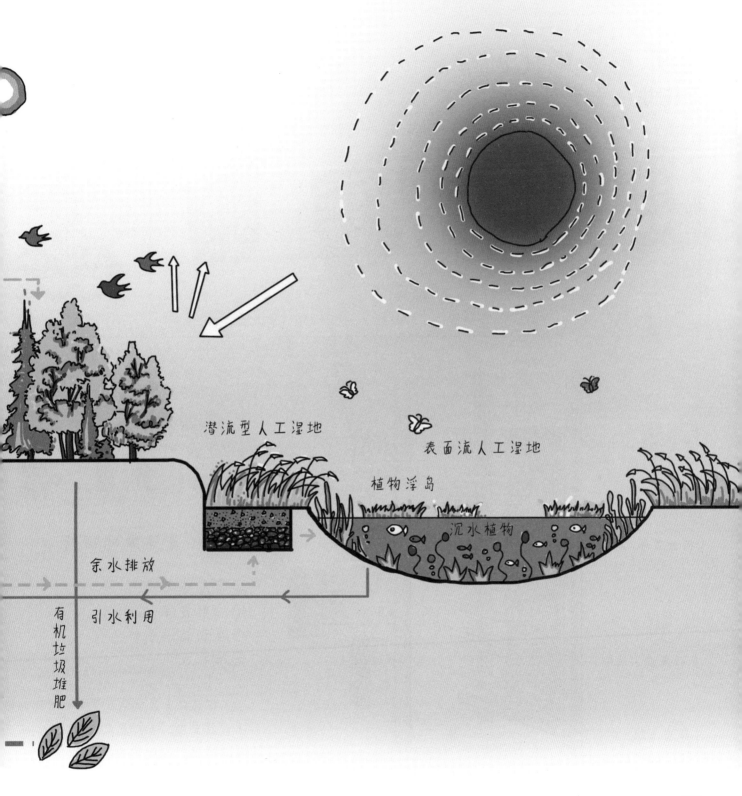

潜流型人工湿地

表面流人工湿地

植物浮岛

沉水植物

余水排放

引水利用

有机垃圾堆肥

人工垂直绿化的分类

1.模块化垂直绿化

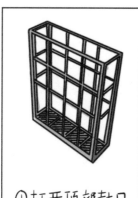

①打开顶部封口

②放入基质袋

③放入基质

④组装好种植箱

⑤种植植物

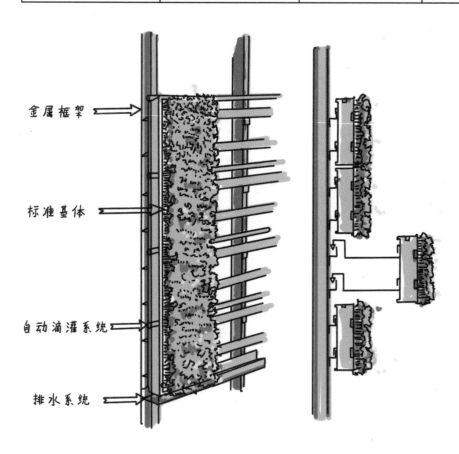

金属框架

标准基体

自动滴灌系统

排水系统

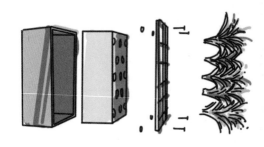

模块化垂直绿化结构:

① 金属框架
② 标准基体
③ 自动滴灌系统
④ 排水系统

　　模块化垂直绿化通常用于建筑外立面以及室内大面积垂直绿化装置,工艺较为复杂,家庭使用较少。

模块化垂直绿化优缺点

模块式垂直绿化是一种标准化的模式，它一般主要由单元模块、灌溉系统和结构系统三部分组成。单元模块包括容器基盘、介质和植物。

模块化优点：

模块化垂直绿化种类丰富，几乎可用于所有结构类型建构筑物。模块型垂直绿化的模块种类众多、尺寸可选范围广泛，可以拼接成任意大小和图案，考虑到了各种需要。

模块化缺点：

种植模块需要培育时间，培育的时间一般要保证植株的存活率达到80%以上，才可以安装在框架结构上面，模块为固定形状，不能拼接出细致图样。

模块化灌溉技术——斯德哥尔摩 / SES Landskap

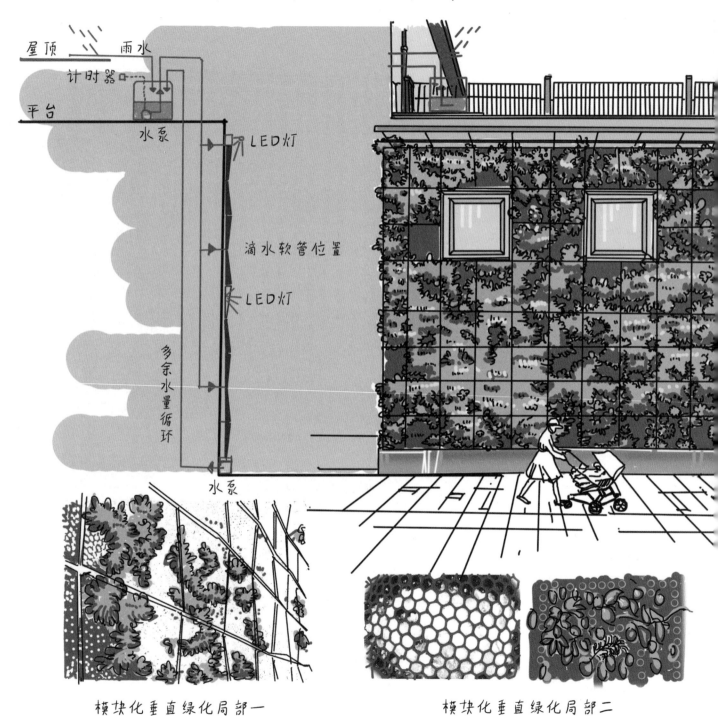

屋顶　　雨水

计时器

平台

水泵

LED灯

滴水软管位置

LED灯

多余水量循环

水泵

模块化垂直绿化局部一

模块化垂直绿化局部二

模块化垂直绿化案例——新加坡ITE college central

固定钢架

植物模块

每排种植箱顶部都需要安装一组管道和相应的滴头

节点详图

2.花槽式垂直绿化

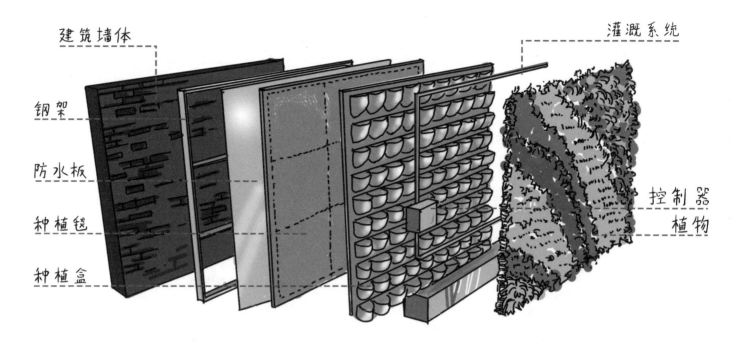

建筑墙体

钢架

防水板

种植毯

种植盒

灌溉系统

控制器

植物

花槽式绿化系统中，植物的生长状态与地面几乎一样，是传统的容器种植方法的改良。这类绿化形式特点是符合植物生长方向，适用于临时墙面绿化或立柱式花坛造景，优点是安装拆卸方便；缺点是绿化墙面厚度较大，植物覆盖面不大，容器与框架设计不当会影响立面效果。

在花槽式垂直绿化系统里，容器往往成为绿化构图和建筑立面构图的一部分，需要我们对造型、色彩、肌理等进行相应处理，以保证和建筑较好地结合，形成建筑设计中富有美感的表现元素。

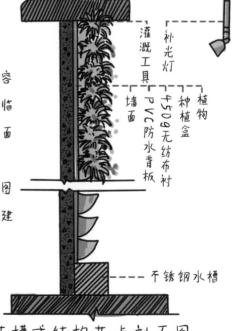

灌溉工具

补光灯

植物

种植盒

4509无纺布衬

PVC防水背板

墙面

不锈钢水槽

花槽式结构节点剖面图

花槽式垂直绿化安装方式

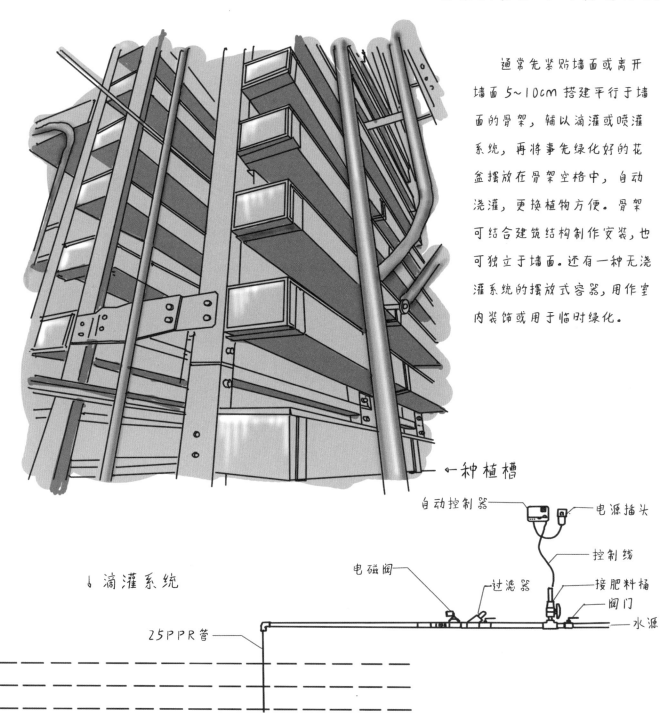

通常先紧贴墙面或离开墙面 5~10cm 搭建平行于墙面的骨架，辅以滴灌或喷灌系统，再将事先绿化好的花盆摆放在骨架空格中，自动浇灌，更换植物方便。骨架可结合建筑结构制作安装，也可独立于墙面。还有一种无浇灌系统的摆放式容器，用作室内装饰或用于临时绿化。

一种植槽

自动控制器　　　　电源插头

控制线

电磁阀

过滤器　　接肥料桶

↓滴灌系统　　　　　　　　　　　　　阀门

　　　　　　　　　　　　　　　　　水源

25PPR管

花槽式垂直绿化案例——深圳网易游戏室内

垂直绿化受到生长环境的限制较大，浇灌系统至关重要，在新技术中用到的灌溉系统有喷灌和滴灌。

3.种植盒式垂直绿化

种植盒既满足植物生长空间需要，也可以自由快速拼装组合使用，配有自动化滴管喷雾等辅助构件形成大规模垂直绿化景观，具有可操作性、创新性特点。

种植盒系统牢固可靠、易装易拆，操作安全简便。

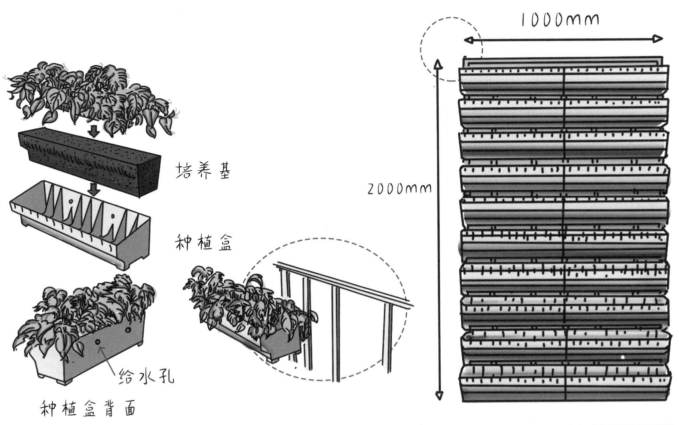

培养基

种植盒

给水孔

种植盒背面

1000mm

2000mm

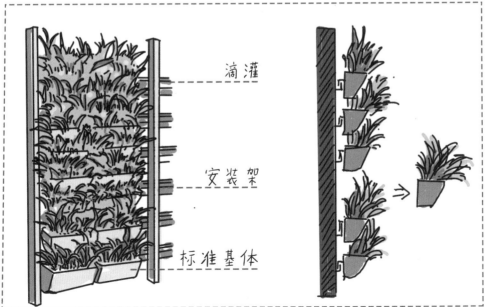

滴灌

安装架

标准基体

种植盒式案例

——上海市南京东路街道垂直绿化

上海市南京东路街道垂直绿化采用种植盒式垂直绿化，此种方式以种植盒为种植单元，挂于铁网支架上。种植盒垂直绿化方便植物更替，植物搭配更为便利，缺点在于种植盒尺寸大小固定，不易植物根系生长，因此宜选用根系适宜的观赏植物。

4.种植毯式垂直绿化

种植毯系统将植物栽植于袋状布毡中与墙体连接,采用滴灌技术维持布毡湿润状态,以供给植物生长。该系统以开放式的结构利于植物根系生长,形成整体的垂直景观效果,同时,成功解决了垂直绿化的墙面负荷、抗风防冻和养料供给等问题。

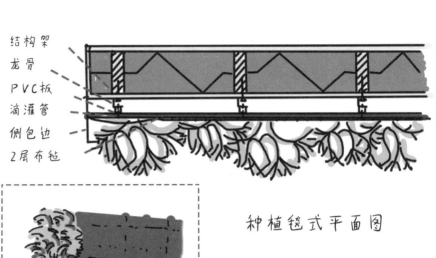

结构架
龙骨
PVC板
滴灌管
侧包边
2层布毡

种植毯式平面图

种植袋式

种植毯式种植详图

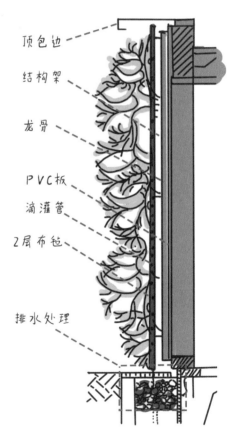

顶包边
结构架
龙骨
PVC板
滴灌管
2层布毡

排水处理

种植毯式立面图

自然垂直绿化的分类
1.附壁式垂直绿化

案例一   案例二

　　附壁式不需要支架或其他牵引措施,依靠攀缘植物自身特点在物体上自由攀爬,形成自然形态的垂直绿化效果。这种方式一般很少依赖人工设备的辅助,技术要求不高,只要求在建筑设计过程中预留种植空间,满足植物生长需求即可。

　　由于过分依赖植物自由生长攀爬,生长周期较长,并且对植物的生长形态、效果难以控制,附壁式可能会影响到建筑的正常使用功能。

附壁式垂直绿化案例——北京林业大学宿舍楼一角

2.附架式垂直绿化

　　附架式是在牵引式基础上，通过金属构架、木架等附属构件形成攀爬架供植物攀爬以达到垂直绿化的效果。附架式结构可以根据理念和构图的需求设计出各种形状，从而使布置方式灵活，功能多样，能更好地与建筑结构设计结合，构成新颖、独特的绿化空间。

3.牵引式垂直绿化

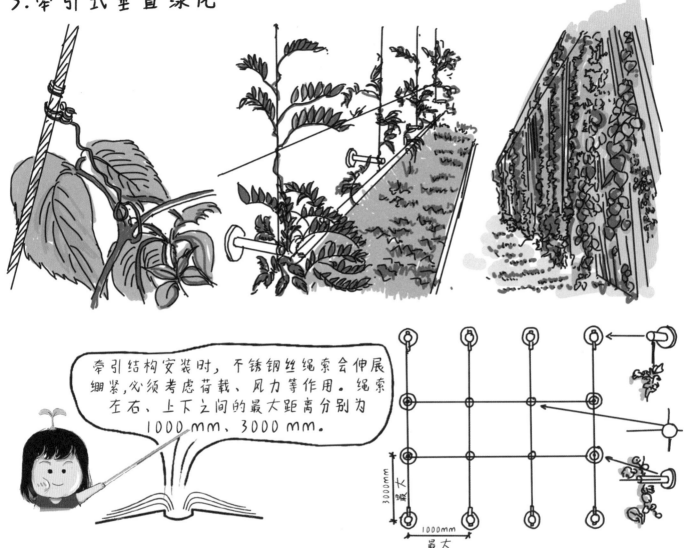

牵引结构安装时，不锈钢丝绳索会伸展绷紧，必须考虑荷载、风力等作用。绳索在右、上下之间的最大距离分别为 1000mm、3000mm。

3000mm 最大

1000mm 最大

牵引式是在附壁式的基础上，通过铁丝网、绳索等材料对攀爬植物进行牵引形成的垂直绿化效果。牵引式最大的特点是对攀缘植物的生长方向进行引导、生长形态进行控制。这样就能避免植物对建筑物（构筑物）重要部位的覆盖，同时又提高了植物的覆盖速度，设计师通过辅助构件的设置可有效地控制垂直绿化的最终效果。植物一般需要 3～5 年才实现全面覆盖。牵引绳索与建筑物之间应保持至少 20mm 的间距（应大于选用植物成景稳定后主干的直径），使植物不会损坏建筑墙面材料。

人工湿地

　　随着城市化进程不断深入，在经济快速发展的同时，也使得人与自然的矛盾日益凸显，尤其是水环境安全。由于城市和郊野环境下的生活污水、工业污水大量排入自然水体之中，致使水体污染，生态持续恶化。

　　人工湿地作为一种模拟自然湿地结构与功能的人工生态系统，在城市生态建设中的作用逐渐凸显。人工湿地不仅有利于水体净化以及水资源循环，而且在美化环境、涵养水源、保护生物多样性等方面也发挥着重要的作用。此外，人工湿地还能为居民提供休闲娱乐、科普教育等社会服务功能。

　　建设人工湿地以及对湿地的生态恢复，对于维护生态平衡，改善生态状况，实现人与自然的和谐，促进经济社会可持续发展，建设生态文明都具有十分重要的意义，是建设智慧生态城市的一个重要举措。

人工湿地的定义

人工湿地是人工设计与建造的，由饱和基质、水生植物、动物和水体组合而成的复合体。

然而，人工湿地更多指的是模拟自然湿地的人工生态系统，是一种人为地将石、砂、土壤、煤渣等一种或多种介质按一定比例构造成基质，并有选择性地植入植物的污水处理生态系统。

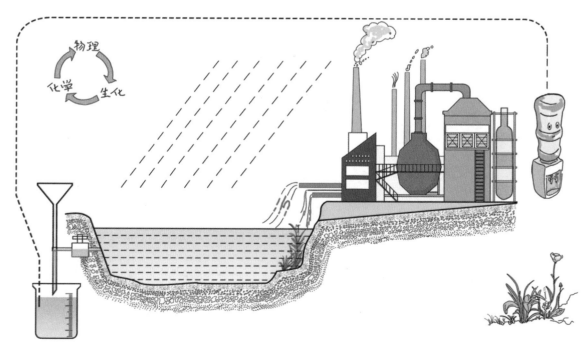

人工湿地的类型及组成部分

人工湿地的组成部分

　　人工湿地的主要作用是污水净化功能，填料、微生物和生物是净化、去除水中污染物的三大主力。

我占的比重比较大，一眼看到的全是我！我的主要职责是吸附重金属离子。当然，也会为人们提供点原材料啦！

植　物

填料

我在最底下，为微生物营造一个良好的生长空间。此外，还能做一点沉淀、过滤这类的一级处理的活！

微　生　物

我的作用不容小觑，是降解水体中污染物的主力军。通过这一系列的作用，降解有机污染物，使其成为微生物细胞的一部分，其余的变成对环境无害的无机物质回归到自然界中。

人工湿地的类型

蓄水区

农田灌溉地

湿地公园

采掘区（积水取土坑、采矿地）

污水厂

水渠、沟渠

水产池塘

景观水体（生态池）

人工湿地的现状

我国湿地总面积5360.26万hm²，占国土面积的比率(即湿地率)为5.58%				
自然湿地4667.47万hm²				人工湿地674.59万hm²
近海与海岸湿地 579.59万hm²	河流湿地 1055.21万hm²	湖泊湿地 859.38万hm²	沼泽湿地 2173.29万hm²	

原因

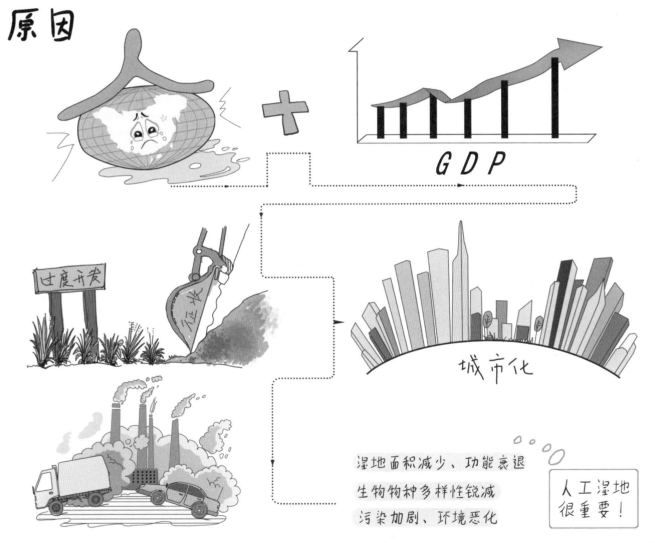

GDP

过度开发

征收

城市化

湿地面积减少、功能衰退
生物物种多样性锐减
污染加剧、环境恶化

人工湿地很重要！

115

人工湿地的服务功能

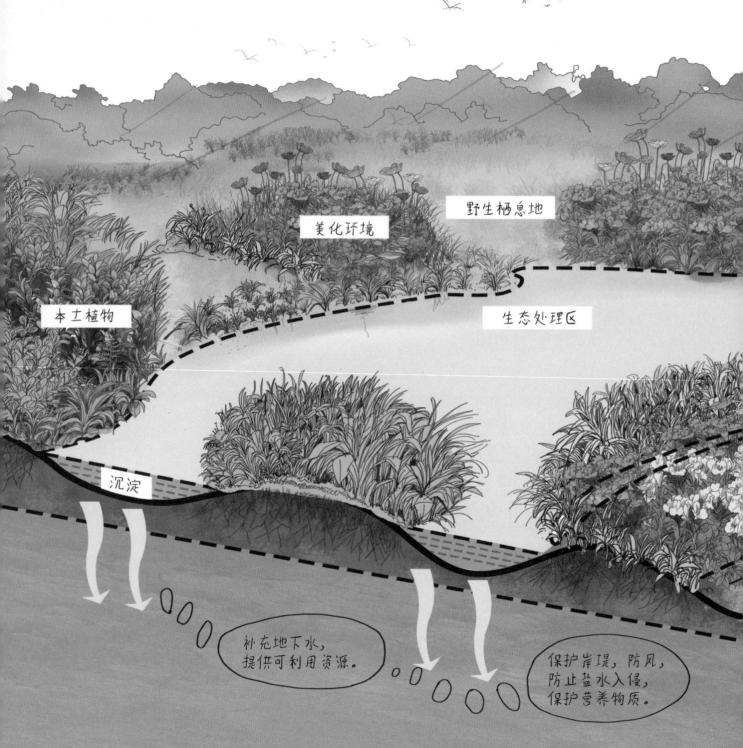

美化环境

野生栖息地

本土植物

生态处理区

沉淀

补充地下水，
提供可利用资源。

保护岸堤，防风，
防止盐水入侵，
保护营养物质。

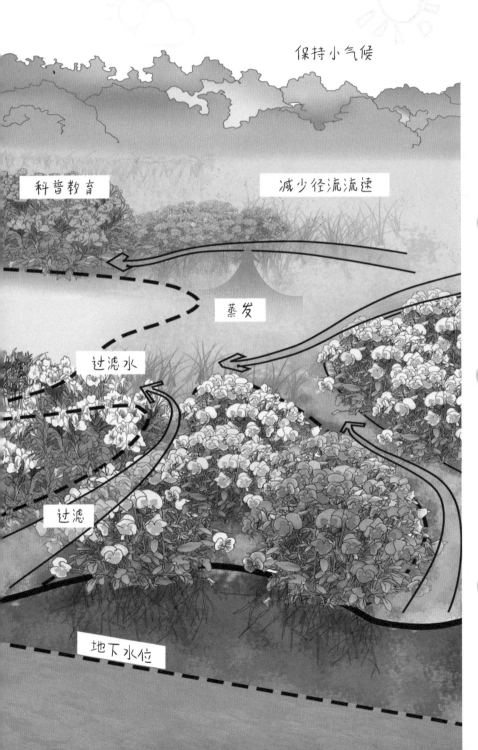

保持小气候

科普教育

减少径流流速

蒸发

过滤水

过滤

地下水位

调节服务

- 调节径流和防洪（流域截留）
- 调节局域和全球热量平衡
- 防止土壤侵蚀和沉积物控制
- 汇水和地下水补给
- 表土形成和土壤肥力维持
- 营养元素的储存和循环利用
- 迁移和保育区的维持
- 生物（基因）多样性维持

支持服务

- 耕作（作物栽培、水产品等）
- 能量转换
- 娱乐和自由
- 自然保护

生产服务

- 氧气、水源
- 食品和营养饮料
- 燃料和能源
- 饲料和肥料、药用资源
- 观赏资源、基因资源
- 生活材料、原料

信息服务

- 审美、精神和宗教信息
- 文化和艺术灵感
- 科学和教育信息

湿地的物质循环规律

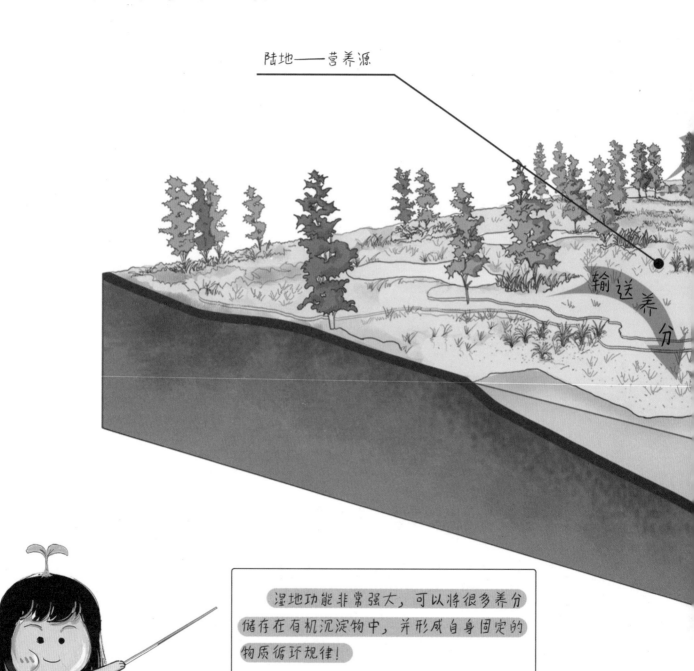

陆地——营养源

输送养分

湿地功能非常强大，可以将很多养分储存在有机沉淀物中，并形成自身固定的物质循环规律！

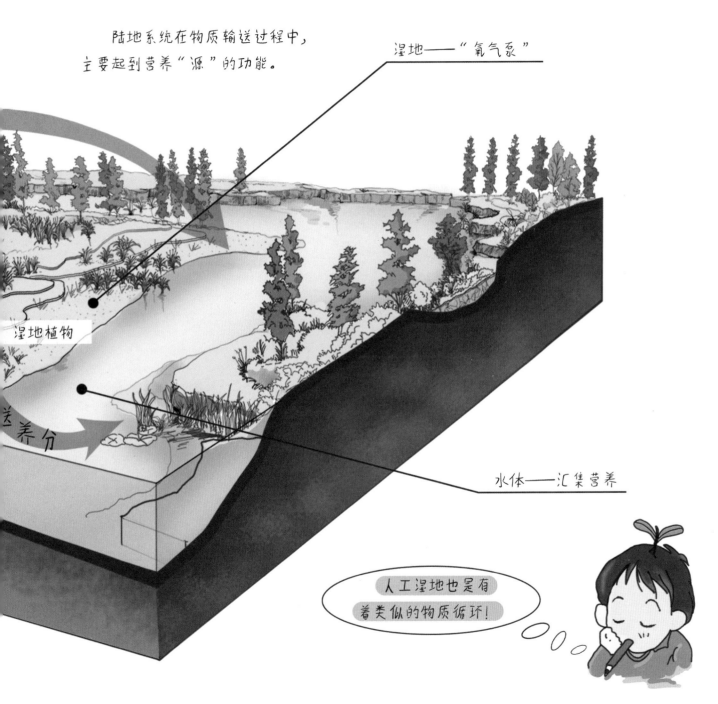

陆地系统在物质输送过程中，主要起到营养"源"的功能。

湿地——"氧气泵"

湿地植物

送养分

水体——汇集营养

人工湿地也是有着类似的物质循环！

湿地的生物多样性

湿地有利于生物多样性保护，使人类和自然和谐相处，对于保护物种资源，保持生态系统（基因）多样性平衡具有重要意义。

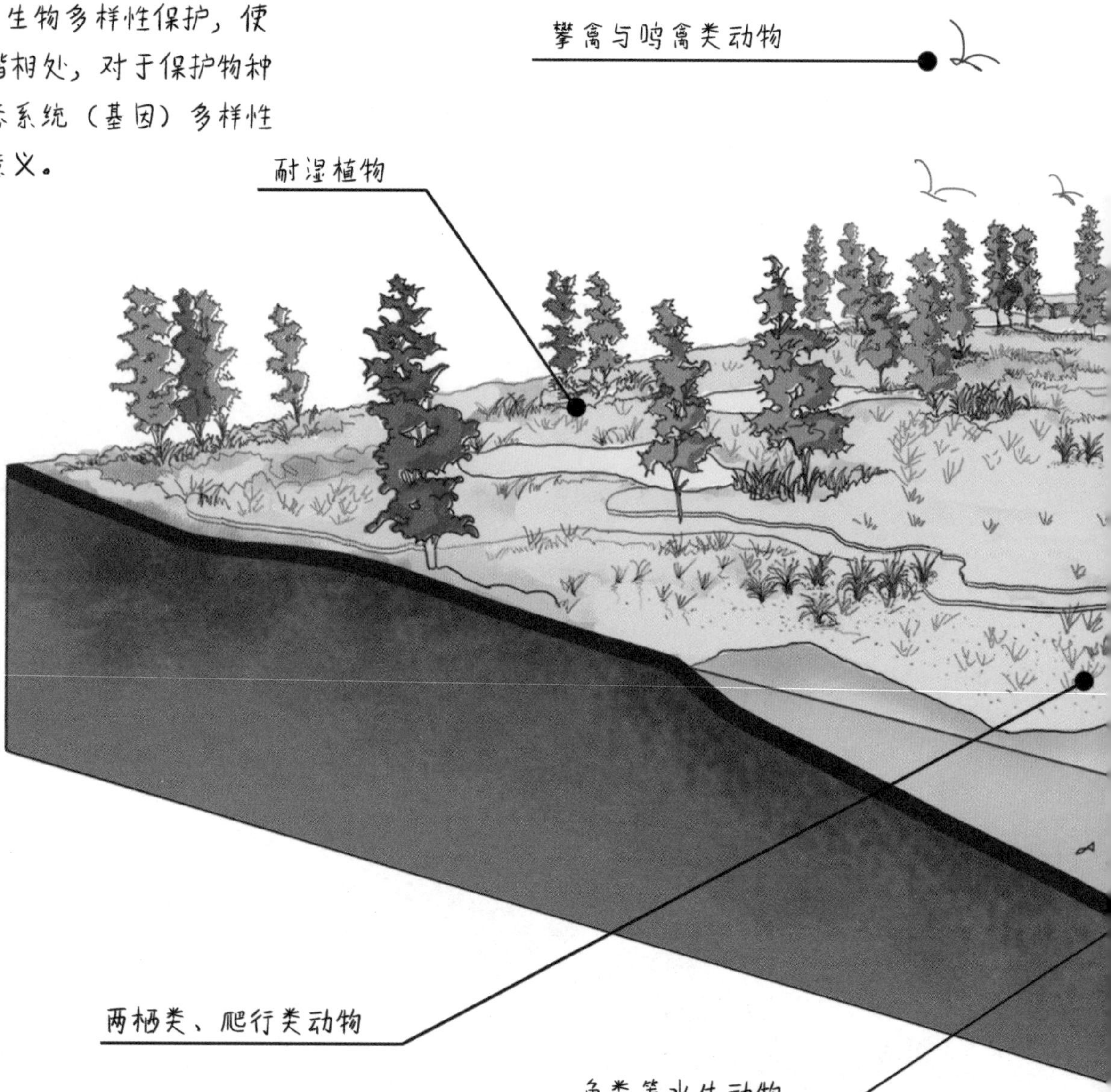

攀禽与鸣禽类动物

耐湿植物

两栖类、爬行类动物

鱼类等水生动物

湿地为生物创造多样的生境

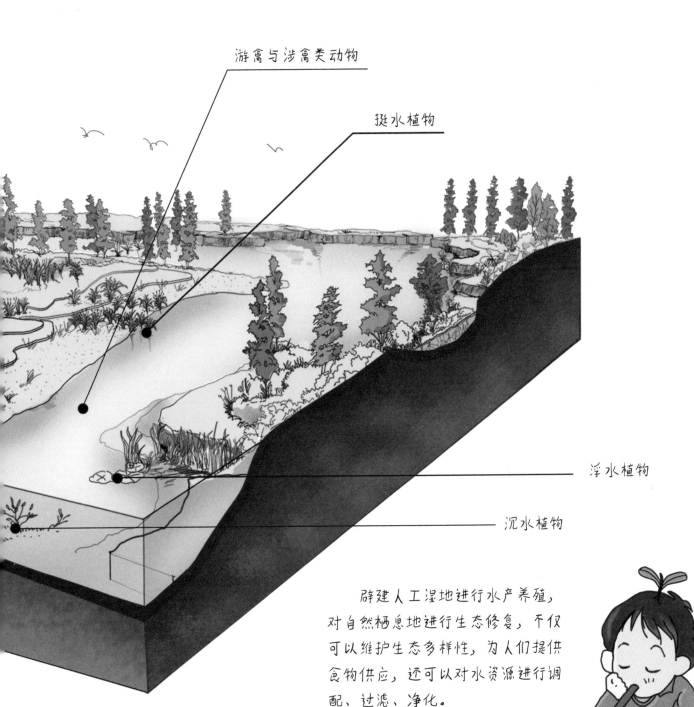

游禽与涉禽类动物

挺水植物

浮水植物

沉水植物

　　辟建人工湿地进行水产养殖，对自然栖息地进行生态修复，不仅可以维护生态多样性，为人们提供食物供应，还可以对水资源进行调配、过滤、净化。

不同基底的湿地景观营造

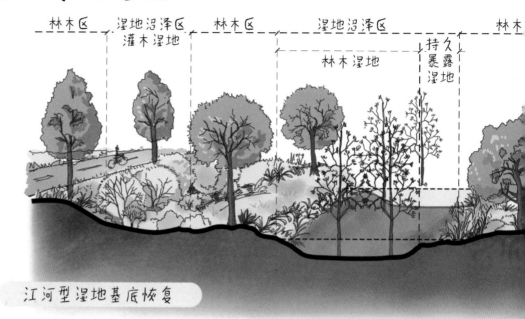

林木区　湿地沼泽区
灌木湿地　林木区　湿地沼泽区　林木

林木湿地　持久暴露湿地

江河型湿地基底恢复

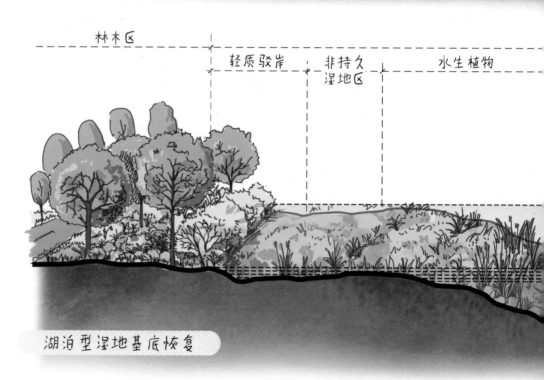

林木区　轻质驳岸　非持久湿地区　水生植物

湖泊型湿地基底恢复

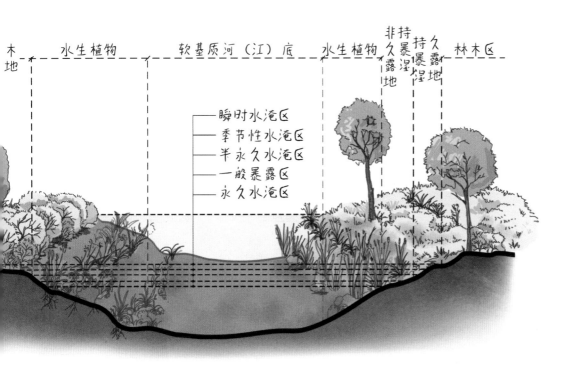

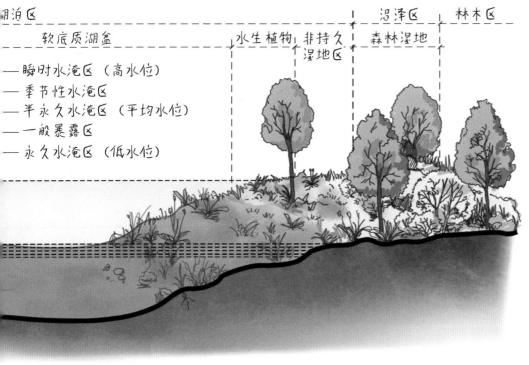

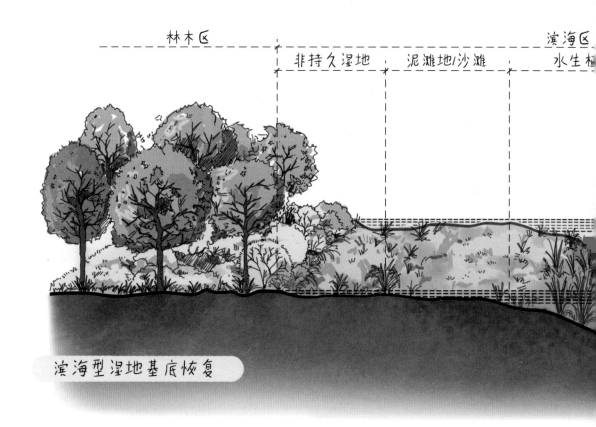

非持久湿地 　　泥滩地/沙滩 　　水生植

滨海型湿地基底恢复

加固土方

常水位

农田型湿地基底恢复

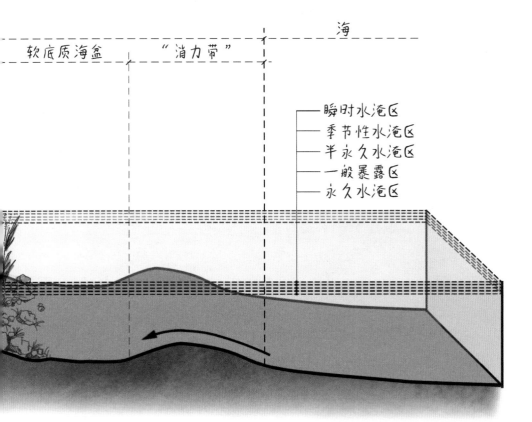

海

软底质海盆　　"消力带"

瞬时水淹区
季节性水淹区
半永久水淹区
一般暴露区
永久水淹区

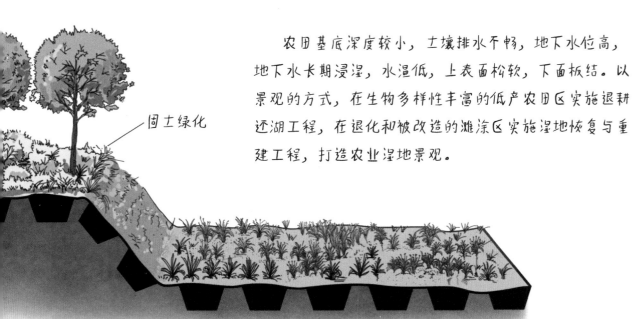

固土绿化

农田基底深度较小，土壤排水不畅，地下水位高，地下水长期浸湿，水温低，上表面松软，下面板结。以景观的方式，在生物多样性丰富的低产农田区实施退耕还湖工程，在退化和被改造的滩涂区实施湿地恢复与重建工程，打造农业湿地景观。

人工湿地水生生物生境营造

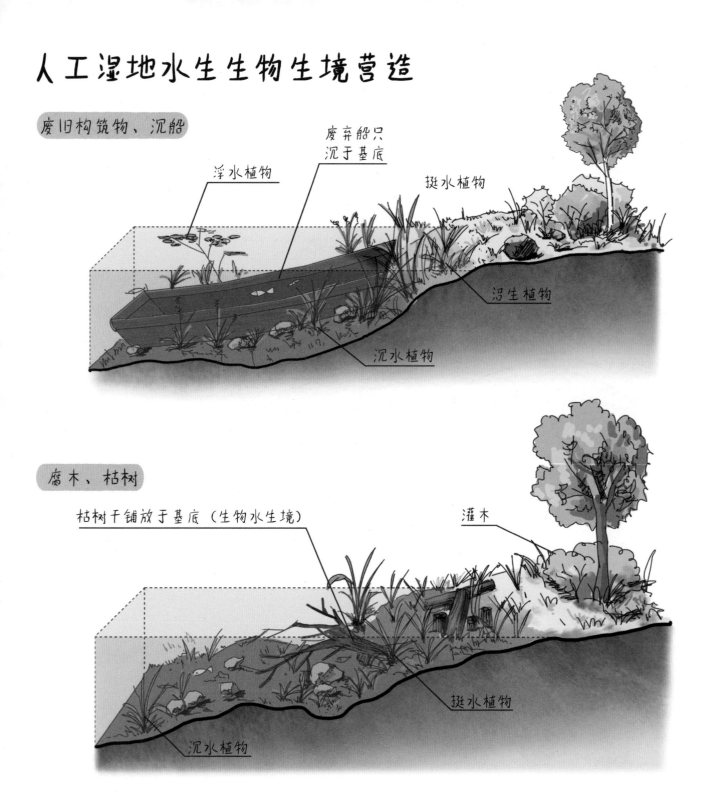

废旧构筑物、沉船

浮水植物

废弃船只
沉于基底

挺水植物

沼生植物

沉水植物

腐木、枯树

枯树干铺放于基底（生物水生境）

灌木

挺水植物

沉水植物

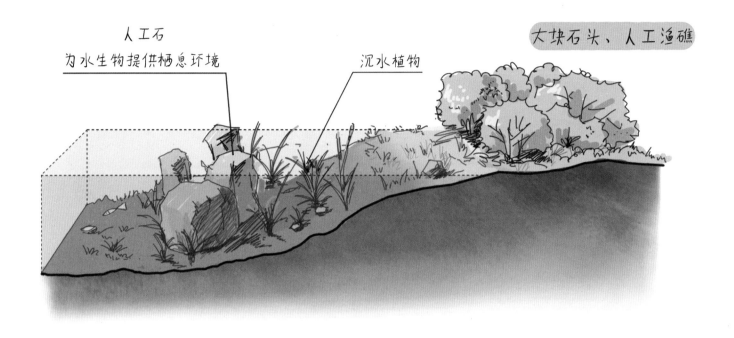

人工石
为水生物提供栖息环境

沉水植物

大块石头、人工渔礁

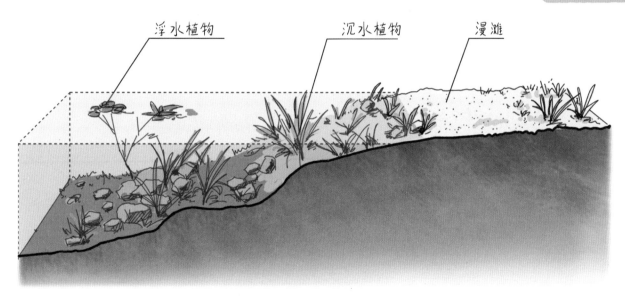

碎石、石头群

浮水植物

沉水植物

漫滩

景观水体人工湿地

　　景观水体的人工湿地生态技术是针对雨污水等面源污染排入量的控制技术，该技术主要将岸边原有的混凝土或石层表面河岸改造成人工湿地系统，铺设生态边坡草坪、生态绿化景观绿篱，建设雨水净化池槽等，有效控制面源污染。

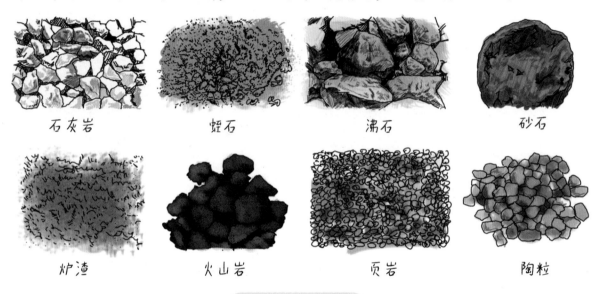

石灰岩　　　蛭石　　　沸石　　　砂石

炉渣　　　火山岩　　　页岩　　　陶粒

人工湿地填料

①表面流人工湿地

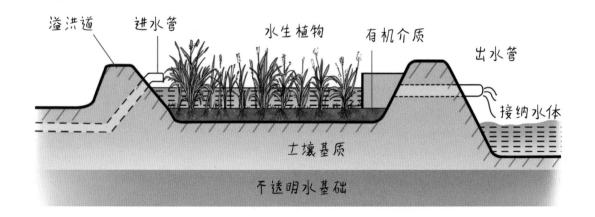

溢洪道　进水管　水生植物　有机介质　出水管　接纳水体　土壤基质　不透明水基础

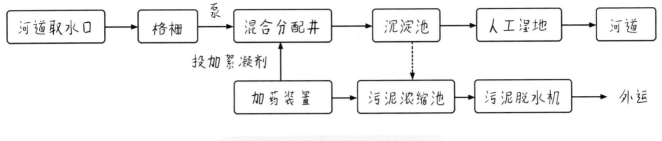

河道人工湿地水净化流程图

② 潜流型人工湿地

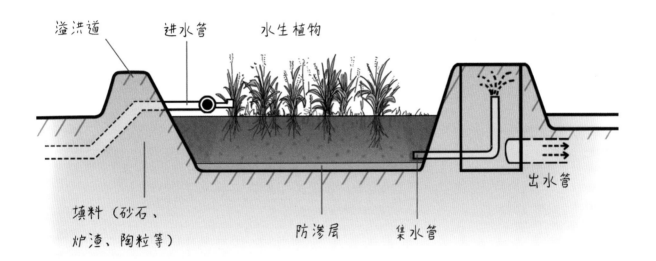

溢洪道　进水管　水生植物

填料（砂石、炉渣、陶粒等）

防渗层　集水管　出水管

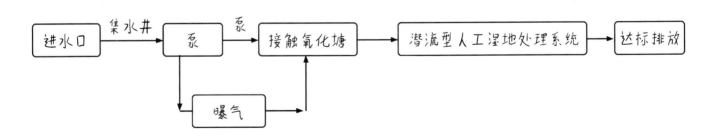

街道人工湿地水净化流程图

③ 垂直流人工湿地

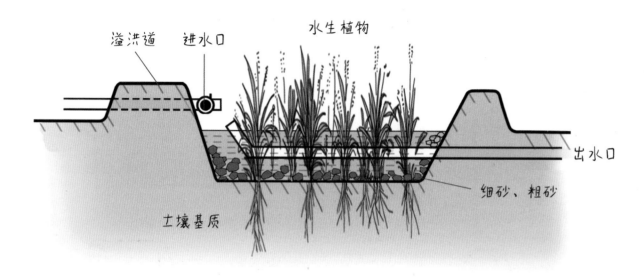

垂直流人工湿地系统，一般包括基质床体、进水渠和收水渠。此外，垂直流人工湿地污水净化系统，可有效去除湿地氮、磷元素，也可以达到景观美化效果。

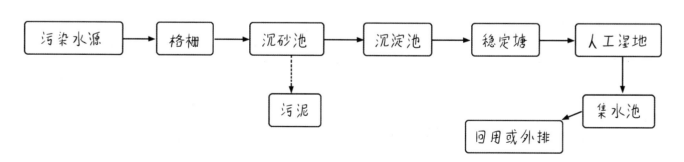

人工湿地水净化工艺流程图

④复合型人工湿地

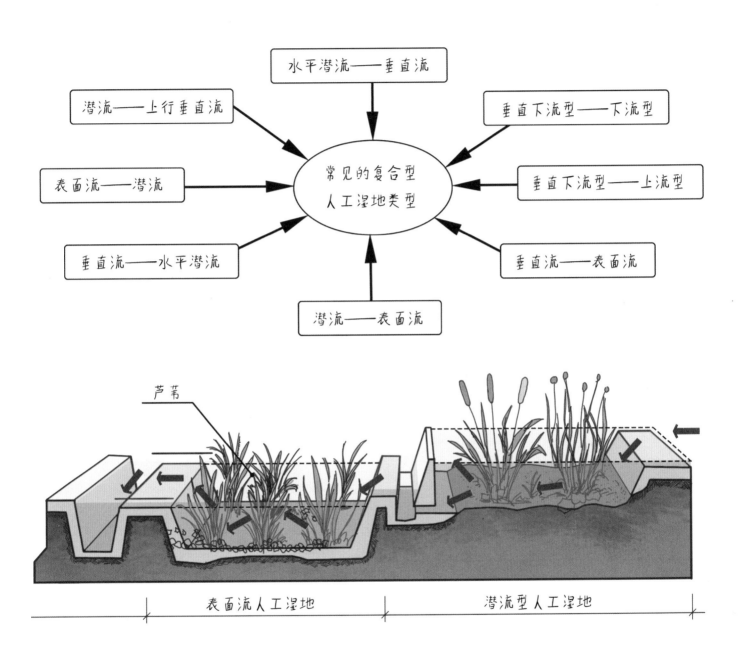

常见的复合型人工湿地类型

- 水平潜流——垂直流
- 潜流——上行垂直流
- 垂直下流型——下流型
- 表面流——潜流
- 垂直下流型——上流型
- 垂直流——水平潜流
- 垂直流——表面流
- 潜流——表面流

芦苇

表面流人工湿地　　　潜流型人工湿地

唐山南湖湿地公园人工湿地处理技术流程图

城市人工湿地生态营建途径

1.利用河川、湖泊、海岸等开辟人工湿地，在确保防洪安全的基础上，在河川流域内、海岸附近选取一些适当的地区辟建人工湿地。

水产养殖与湿地恢复共生

常熟沙家浜湿地公园两栖养殖池

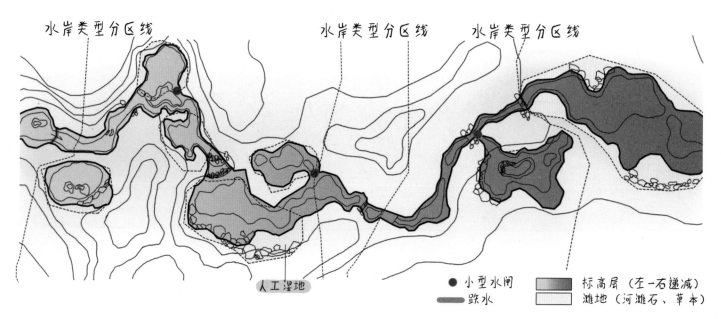

水岸类型分区线　　　水岸类型分区线　　　水岸类型分区线

人工湿地

● 小型水闸　　　标高层（在－石递减）
跌水　　　　滩地（河滩石、草本）

常熟沙家浜湿地公园东扩工程两栖动物养殖池平面图

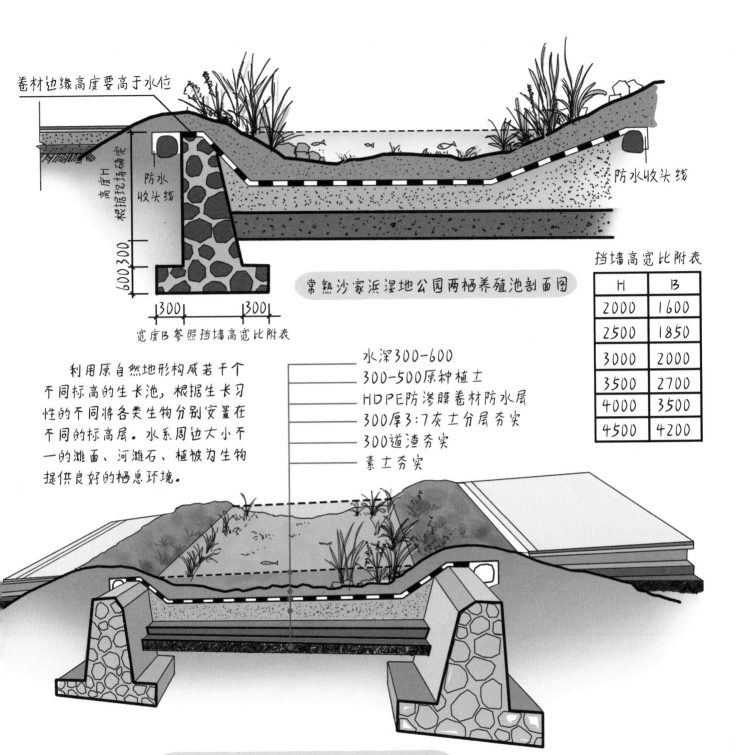

卷材边缘高度要高于水位

高度H 根据现场确定

防水收头线

防水收头线

600 300

300 300

宽度B参照挡墙高宽比附表

常熟沙家浜湿地公园两栖养殖池剖面图

挡墙高宽比附表

H	B
2000	1600
2500	1850
3000	2000
3500	2700
4000	3500
4500	4200

利用原自然地形构成若干个不同标高的生长池，根据生长习性的不同将各类生物分别安置在不同的标高层。水系周边大小不一的滩面、河滩石、植被为生物提供良好的栖息环境。

水深300-600
300-500原种植土
HDPE防渗膜卷材防水层
300厚3:7灰土分层夯实
300道渣夯实
素土夯实

常熟沙家浜湿地公园两栖养殖池剖面解析

2.结合城市污水、中水处理、雨水活用等建设人工湿地。

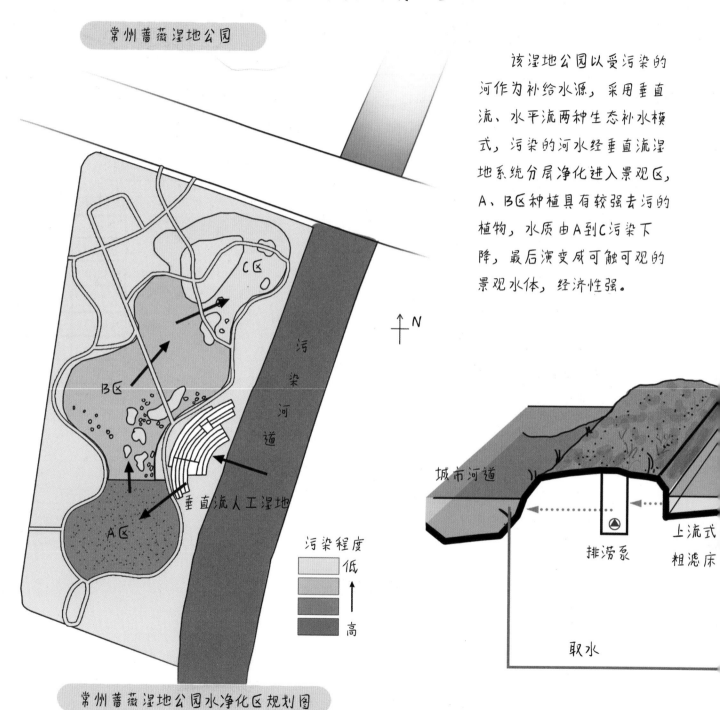

常州蔷薇湿地公园

该湿地公园以受污染的河作为补给水源，采用垂直流、水平流两种生态补水模式，污染的河水经垂直流湿地系统分层净化进入景观区，A、B区种植具有较强去污的植物，水质由A到C污染下降，最后演变成可触可观的景观水体，经济性强。

↑N

污染河道

垂直流人工湿地

污染程度

低

高

常州蔷薇湿地公园水净化区规划图

城市河道

排涝泵

上流式粗滤床

取水

既解决公园缺水问题，又具有一定的经济、社会效益。

常州蔷薇湿地公园人工湿地净水系统

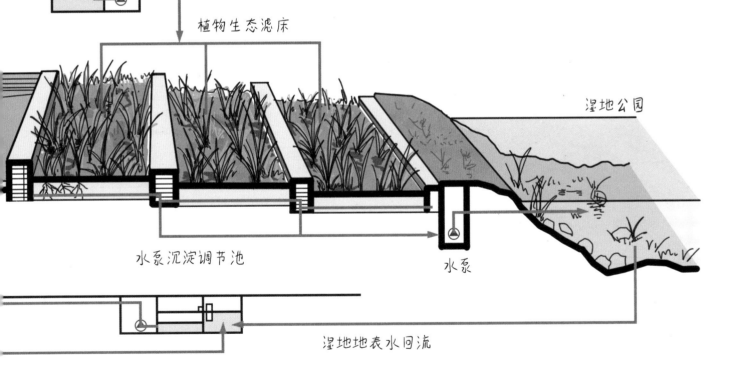

滤床泵站

植物生态滤床

湿地公园

水泵沉淀调节池

水泵

湿地地表水回流

常州蔷薇公园人工湿地净水流程图

135

3.结合中大型公共建筑、住宅、小区辟建人工湿地。

　　结合建筑物收集雨水并将其经过人工湿地系统进行雨水净化处理。地表径流中的污染物来自空气溶解性气体悬浮颗粒、雨水地表冲刷，经过沉砂池去除大颗粒悬浮物及泥沙的雨水进入湿地系统。在实现雨水净化功能的同时,对游客进行生态展示和生态教育，普及雨水生态净化知识。

人工湿地景观生态池

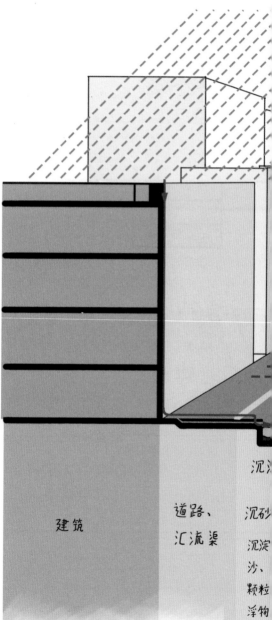

建筑

道路、
汇流渠

沉砂

沉淀
沙、
颗粒
浮物

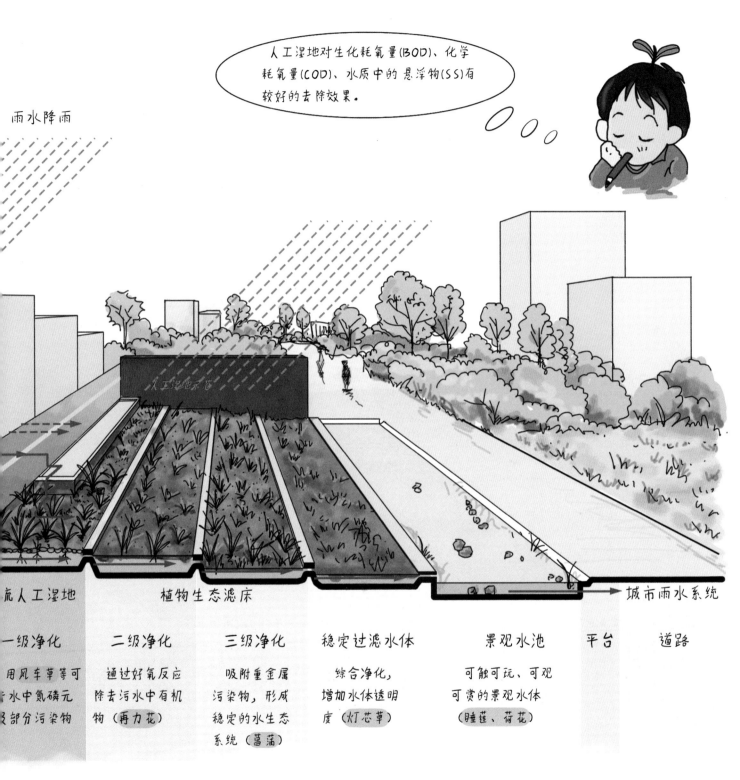

人工湿地对生化耗氧量(BOD)、化学耗氧量(COD)、水质中的悬浮物(SS)有较好的去除效果。

雨水降雨

人工湿地示范

流人工湿地　　　　植物生态滤床　　　　　　　　　　　　　　　　城市雨水系统

一级净化

用风车草等可
水中氮磷元
及部分污染物

二级净化

通过好氧反应
除去污水中有机
物（再力花）

三级净化

吸附重金属
污染物，形成
稳定的水生态
系统（菖蒲）

稳定过滤水体

综合净化，
增加水体透明
度（灯芯草）

景观水池

可触可玩、可观
可赏的景观水体

（睡莲、荷花）

平台　　　道路

4.结合天然湿地恢复建设人工湿地。

陕西渭柳长滩湿地修复与再生

　　该公园在城市与渭河间构建起一道湿地净化缓冲带，在处理污水的同时注重对水资源的综合循环利用，将原直排渭河的雨污水引入污水厂，再对污水厂尾水（劣五类）通过人工湿地进行净化。净化后的再生水可达地表水III-IV类标准，满足公园绿化及农田灌溉、休闲亲水体验及回补河滩生态湿地等功能。人工湿地根据净化规模和目标进行设计，计算后确定以潜流湿地为主、表流湿地为辅的方案，并在流程中布置氧化塘以发挥调蓄缓冲、水体复氧以及向下级湿地均匀布水等功能。

立插木桩护岸

在重塑河滩湿地中综合运用生态防洪技术、人工湿地技术、栖息地修复技术，通过景观设计途径实现集洪泛漫滩、海绵湿地、城市公园于一体的渭柳湿地，成为生态文明建设在城乡绿色发展中的典范。

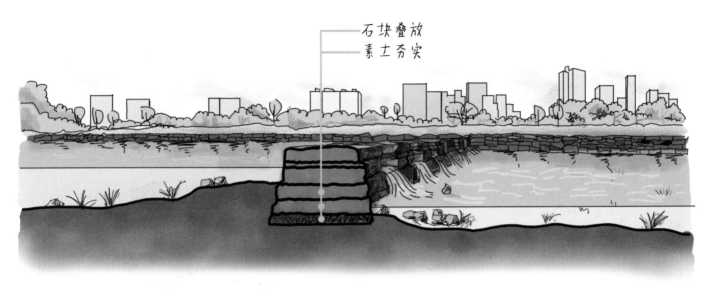

石块叠放
素土夯实

潜流湿地

表流湿地

5.利用城市开放空间、废弃地开发人工湿地。

徐州 贾汪矿区改造工程

　　该地区原来是权台矿和旗山矿采煤塌陷区域，平均塌陷深度4m。在这些采掘严重、有积水的塌陷区改造成人工湿地。除了把塌陷区做成大型的"景观型构造湿地"外，一些零散的塌陷区及难以处理的塌陷区，还可以改造成"养殖型构造湿地"和"净化型构造湿地"。例如在水深0.5m左右的地区，可引种芦苇、香蒲等挺水植物，构建芦苇湿地。

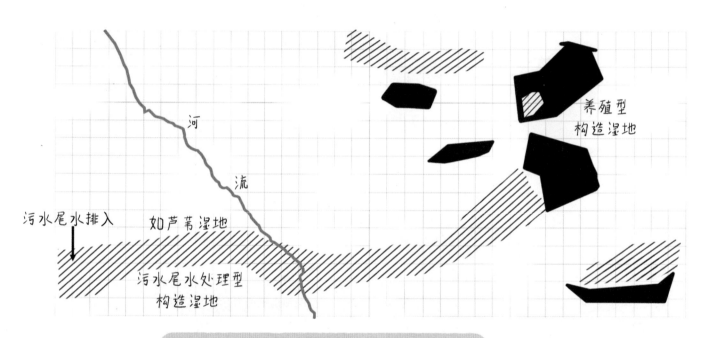

尾水净化型和养殖型构造湿地空间分布格局

　　记住哦！并不是所有的塌陷区都能这么做，要因地制宜！一些塌陷地区的地下裂隙比较多，如果直接灌水进去，水只会往地下渗透，造成资源浪费。

整治前的采煤塌陷地

改造后的湿地景观

生态河道

　　生态河道具有良好的景观效果，对河道环境中突发的扰动具有一定自我恢复的能力，生态河道整体表现出多样性、复杂性等特征。目前，我国存在不少河道方面的问题，而生态河道有着调整小气候、连结周边功能区等生态功能和社会功能。本章节主要介绍了河道修复、驳岸设计等方面的生态化设计方法。河道内部的生态修复可以通过河道疏通、生物滞留地与河道相结合等方法来进行，同时，可以通过解决直线河道化、解决护岸和河床混凝土化等途径来修复河道的形态。

生态河道与传统河道的区别

"河道"，你怎么了？

普通河道存在的问题

生态河道的作用

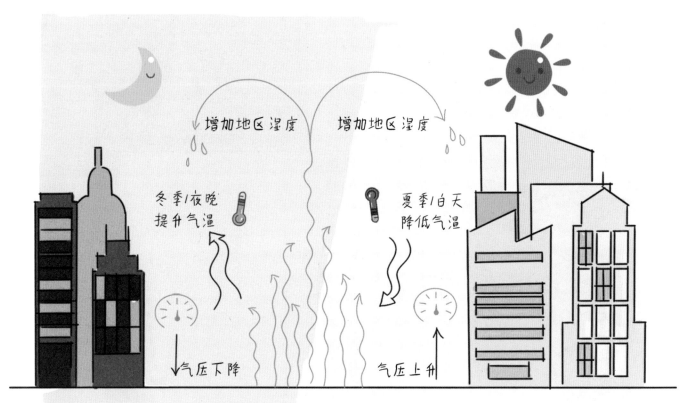

增加地区湿度　　　增加地区湿度

冬季/夜晚
提升气温

夏季/白天
降低气温

气压下降　　　　　　气压上升

① 河道的生态功能——调整小气候

丰富的生物多样性

浅水次河道

下渗排水方向

下渗排水方向

主河道

河道生态设计的解决方法

1.生态设计的解决方法：河道疏通

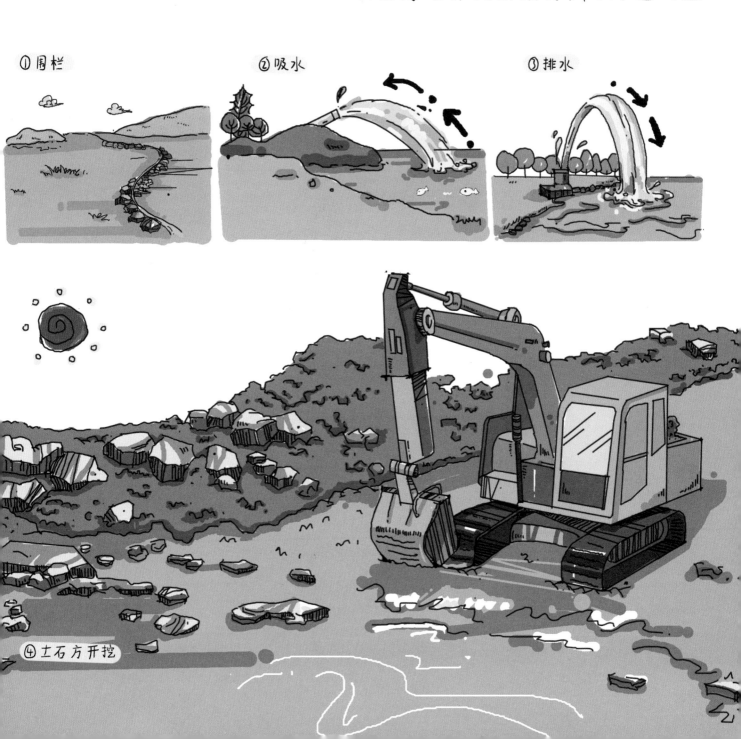

① 围栏　　② 吸水　　③ 排水

④ 土石方开挖

2.生态设计的解决方法：生物滞留池与河道相结合

生物滞留池是对水质水量的截流并暂时存储的结构型雨水控制。它利用浅水洼或景观区中的土壤和植被来去除雨水径流中的污染物。

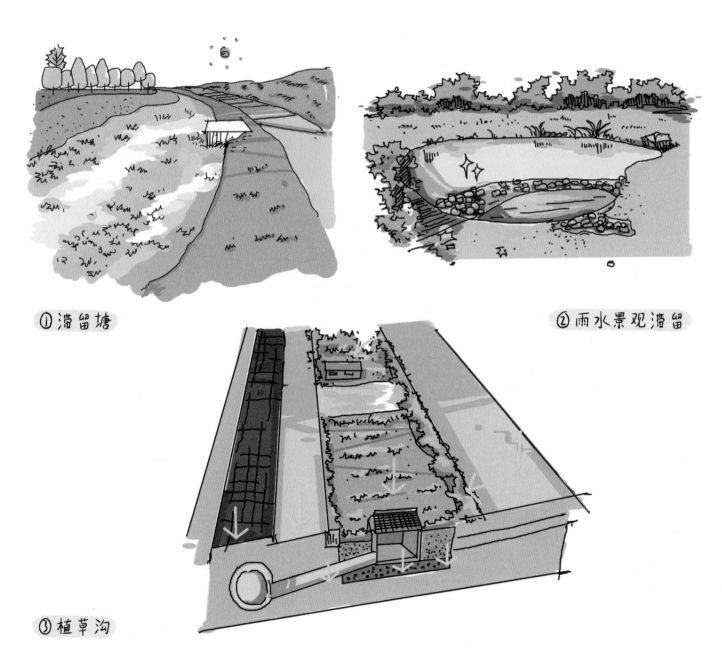

① 滞留塘

② 雨水景观滞留

③ 植草沟

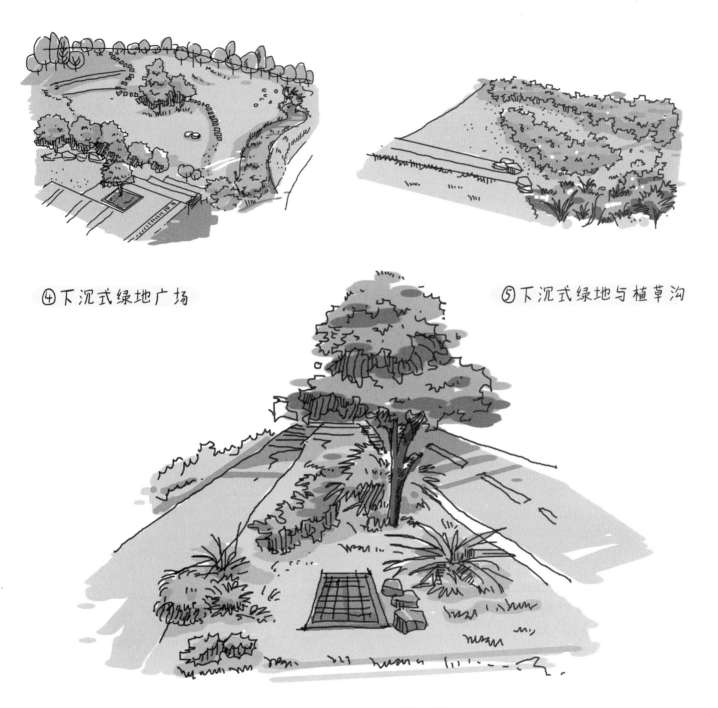

④下沉式绿地广场

⑤下沉式绿地与植草沟

⑥生物滞留带

河道的形态修复

1.修复河道形态：消除河道渠道化

河道渠道化表现：

① 平面布置上的河流形态直线化：将蜿蜒曲折的天然河流改造成直线或折线形的人工河流或人工河网。

② 河道横断面几何规则化：把自然河流的复杂形状变成梯形、矩形及弧形等规则几何断面。

③ 河床材料的硬质化：渠道的边坡及河床采用混凝土、砌石等硬质材料。

什么是河道渠道化呢？

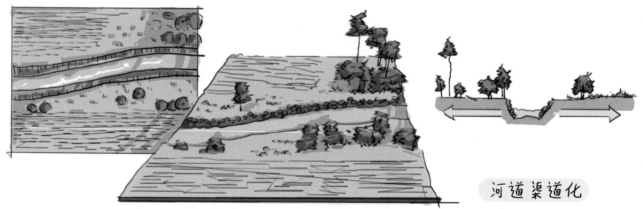

河道渠道化

河道人为扰动较小

　　河道的渠道化改变了河流蜿蜒形的基本形态，急流、缓流、弯道以及浅滩相间的格局消失，而横断面上的几何规则化，也改变了深潭、浅滩交错的形式，生境的异质性降低，水域生态系统结构与功能随之发生改变，特别是生物群落多样性随之降低，可能引起淡水生态系统退化。而要恢复河道原有的样子，就需要消除渠道化。

自然的河流形态

人为扰动较小

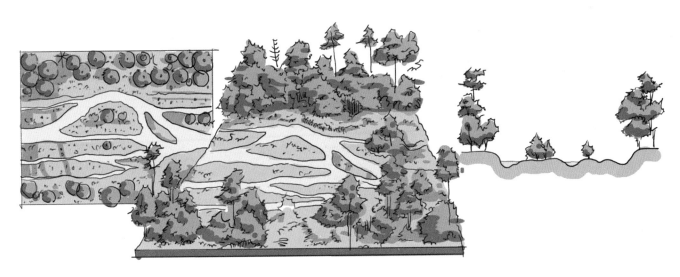

2.修复河道形态：解决护岸、河床混凝土化

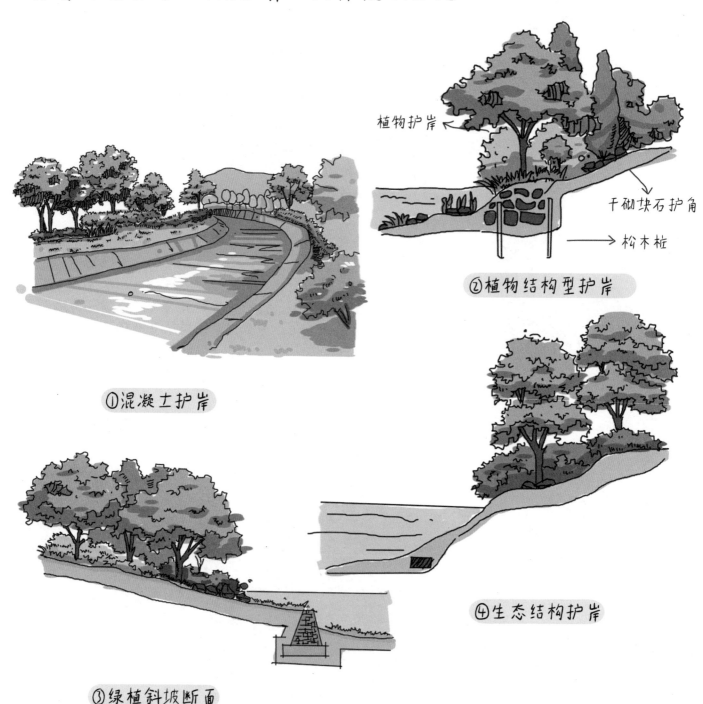

植物护岸

干砌块石护角

松木桩

②植物结构型护岸

①混凝土护岸

④生态结构护岸

③绿植斜坡断面

生态河道驳岸设计

特点:
缓解内涝、补枯、调节水位,
增强水体的自净作用,
促进水陆生态系统平衡。

通过使用植物或植物与土木工程和非生命植物材料的结合,减轻坡面及坡脚的不稳定性和侵蚀,恢复为自然河岸或具有自然河流特点的可渗透性的驳岸,同时实现多种生物的共生和繁殖。

1.原始缓坡型自然驳岸

对于坡度或腹地大的河段,可以考虑保持自然状态,配合植物种植,达到稳定河岸的目的。如种植柳树、水杨、白杨以及芦苇、菖蒲等具有喜水特性的植物,由它们生长舒展的发达根系来稳固堤岸,加之其枝叶柔韧,顺应水流,增加抗洪、护堤的能力。

草坪岸线

湿生植物

2.砌块型自然驳岸

　　对于较陡的坡岸或冲蚀较严重的地段，不仅种植植被，还采用天然石材、木材护底，以增强堤岸抗洪能力，如在坡脚采用石笼、木桩或浆砌石块等护底，其上筑有一定坡度的土堤，斜坡种植植被，实行乔灌草相结合，固堤护岸。

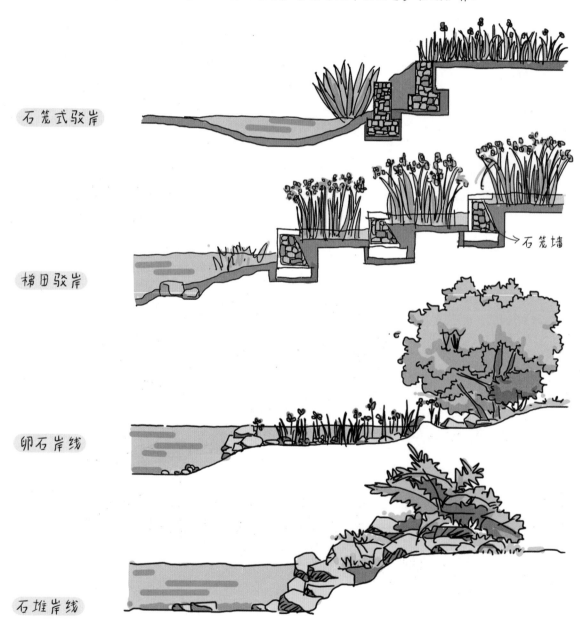

石笼式驳岸

梯田驳岸

→石笼墙

卵石岸线

石堆岸线

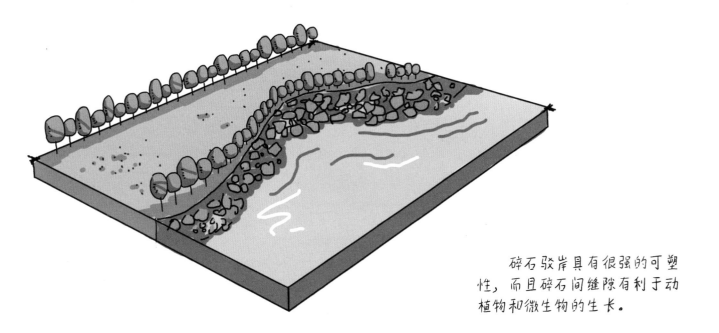

碎石驳岸具有很强的可塑性，而且碎石间缝隙有利于动植物和微生物的生长。

生态河道亲水设计

1.单个水边构筑物

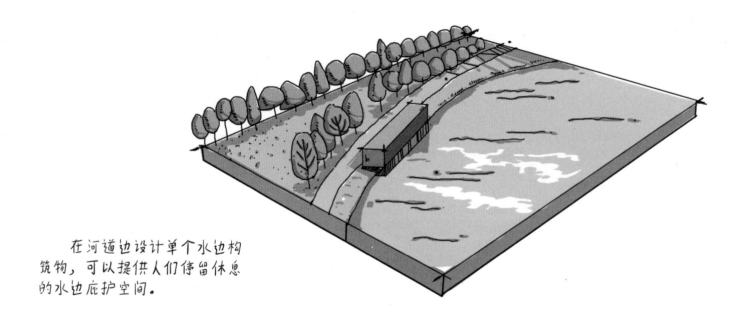

在河道边设计单个水边构筑物，可以提供人们停留休息的水边庇护空间。

2.网状高差路径

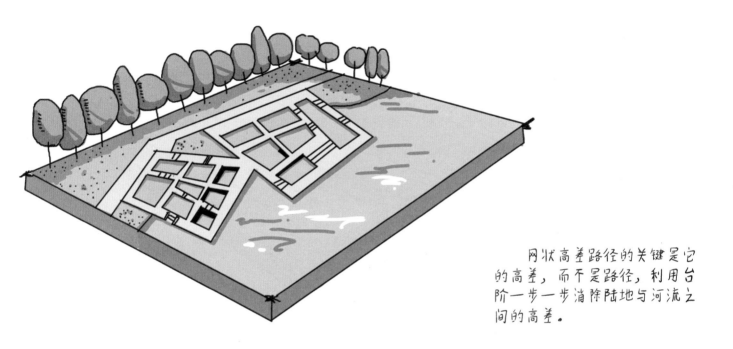

网状高差路径的关键是它的高差，而不是路径，利用台阶一步一步消除陆地与河流之间的高差。

3.路径局部放大

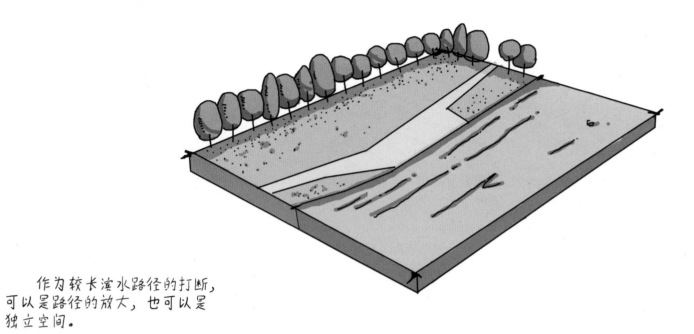

　　作为较长滨水路径的打断，
可以是路径的放大，也可以是
独立空间。

4.眺台：与水面主动对话

伸出水面的平台：
使陆地主动与水体对话的空间。

完整图形叠加：
强调节点空间的常用手法，可以单一
使用，也可以组合使用。

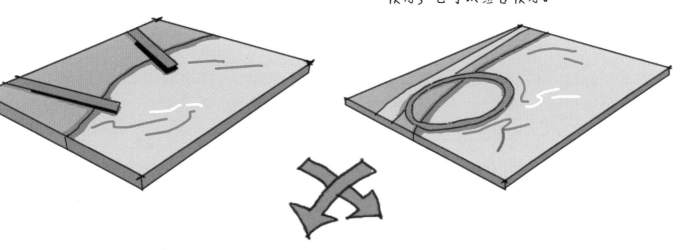

废弃地恢复性景观

　　随着我国逐渐步入后工业时代，工业时代遗留下来的工业废弃地、矿坑废弃地以及垃圾填埋废弃地改造问题也就引起了广泛关注，如何利用景观设计手法来改造这些废弃地是当前我们面临的亟待解决的问题。工业厂房废弃地饱含了历史进程的痕迹，全盘推翻不现实也不合理；矿坑废弃地的遗留对自然环境产生了持续恶化的问题；垃圾场的不合理利用也对地质环境产生了辐射影响；本章以废弃地的景观改造为研究对象，提出了景观改造的意义、原则与方法，希望能够给全国的工业废弃地景观改造提供参考与借鉴，以此能够继承和延续工业文明，展现它们的历史文化价值。

废弃地是什么

矿业废弃地

矿坑废弃地

在园林规划设计领域认为，所谓废弃地，是指曾经作为工业及工业相关领域的用地，而后期由于种种原因被废弃不用的场地，例如废弃的工厂、铁路站场、采石场、矿山等。在中国，吴良镛院士通过对东西方历史城市的形态和发展的深入研究，结合北京市旧城规划建设的理论和实践，提出了"有机更新"的理论。

工业废弃地　　　　　　　　垃圾场废弃地

　　　更新设计是指在城市规划设计、建筑设计和景观设计领域内，在不同时期,根据城市可持续发展的需求，以设计作为主要手段，对城市整体或局部的现有建筑、空间、环境等进行合理地调整或改变，包括整体改变现状，局部合理调整及对有价值区域的维护。

废弃地带来的危害

土壤水污染

　　对土壤的侵蚀和破坏使地表生物量减少，生态完整性遭到破坏；压占、破坏宝贵的土地资源，加剧我国人多地少的矛盾；破坏地表景观，使原有地表形态、自然外貌特征发生巨大改变，形成大尺度的地表创面或使地表荒凉萧条，并逐渐丧失自然特征和美感，与周围未开采区域形成强烈的视觉冲突；破坏植被，使土地丧失肥力，难以支撑植物生长；酸性矿山废水污染地表水和地下水资源；有毒气体释放和扬尘造成大气污染；滑坡、坍塌、塌陷、地裂、泥石流等引发地质灾害；影响矿区工农业生产和居民生活，并引发一系列的社会问题等。

空气污染

　　工业废气含有多种有毒物质，废弃地常年受到风吹雨打，有害物质会慢慢散发到空气之中。

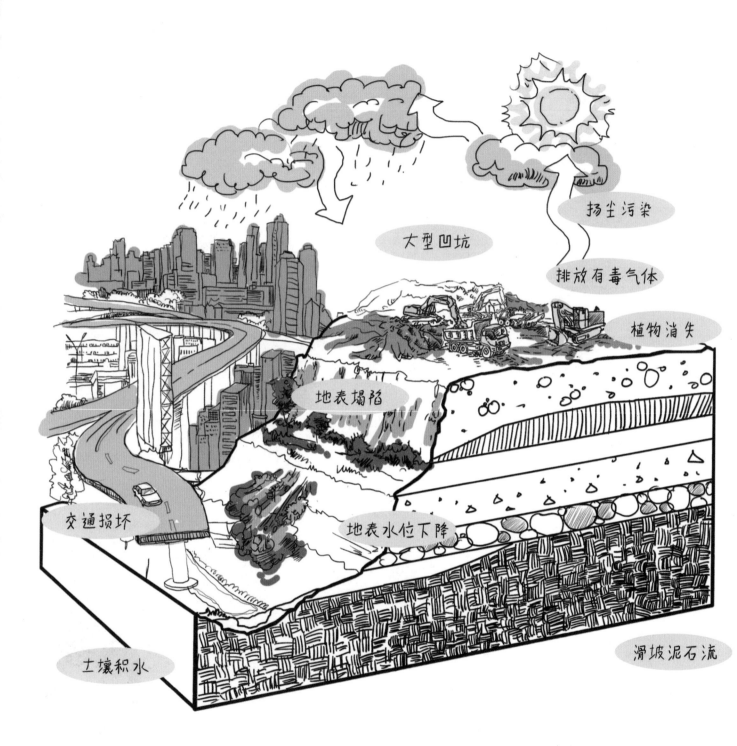

大型凹坑

扬尘污染

排放有毒气体

植物消失

地表塌陷

交通损坏

地表水位下降

土壤积水

滑坡泥石流

水体污染

遗留的污染物和有毒物质通过径流和土壤下渗扩散。

废弃地的生态恢复带来的好处

1.生态效益

生态恢复提高景观功能的稳定性和服务性，能够有效控制污染和有毒物质的扩散。

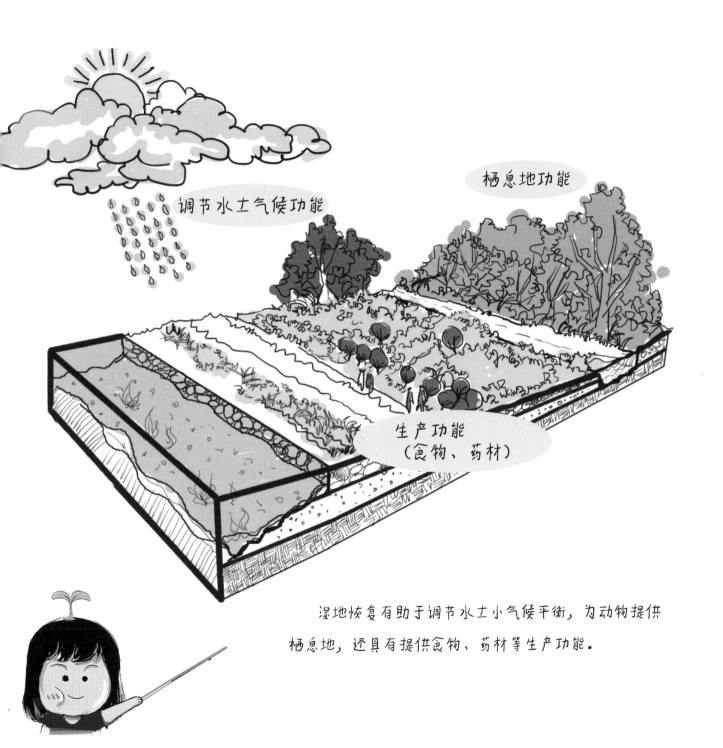

调节水土气候功能

栖息地功能

生产功能
（食物、药材）

湿地恢复有助于调节水土小气候平衡，为动物提供栖息地，还具有提供食物、药材等生产功能。

2. 经济效益

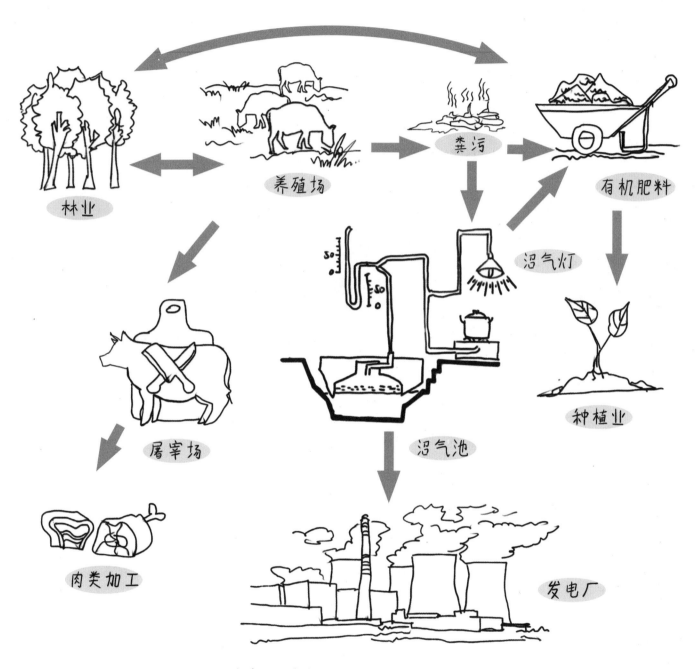

林业　养殖场　粪污　有机肥料　沼气灯　屠宰场　沼气池　种植业　肉类加工　发电厂

形成经济产业链，促进可持续经济发展。

娱乐功能

种植功能

观赏功能

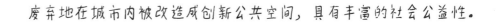

科学教育功能

优化城市功能

废弃地在城市内被改造成创新公共空间，具有丰富的社会公益性。

市民公共空间

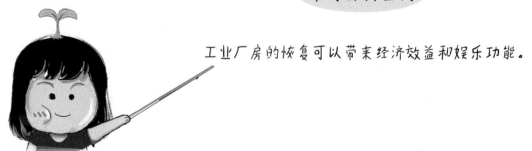

工业厂房的恢复可以带来经济效益和娱乐功能。

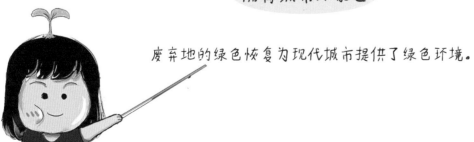

隔离城市功能区

废弃地的绿色恢复为现代城市提供了绿色环境。

废弃地生态恢复的方法
1.土壤恢复

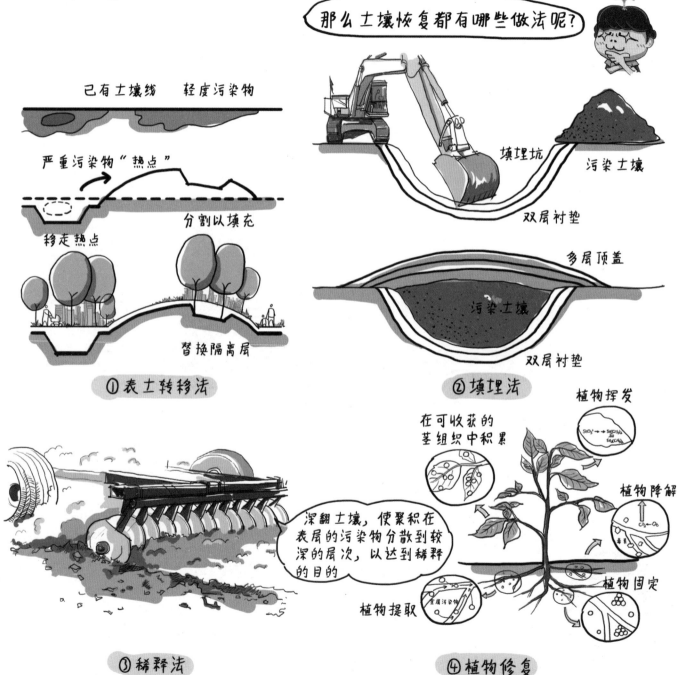

那么土壤恢复都有哪些做法呢?

已有土壤线　轻度污染物

严重污染物"热点"

移走热点

分割以填充

替换隔离层

① 表土转移法

填埋坑

污染土壤

双层衬垫

多层顶盖

污染土壤

双层衬垫

② 填埋法

深翻土壤,使聚积在表层的污染物分散到较深的层次,以达到稀释的目的

③ 稀释法

在可收获的茎组织中积累

植物挥发

植物降解

植物固定

植物提取

④ 植物修复

2.植被恢复

植被恢复在技术方面常用的
手法有以下几种:

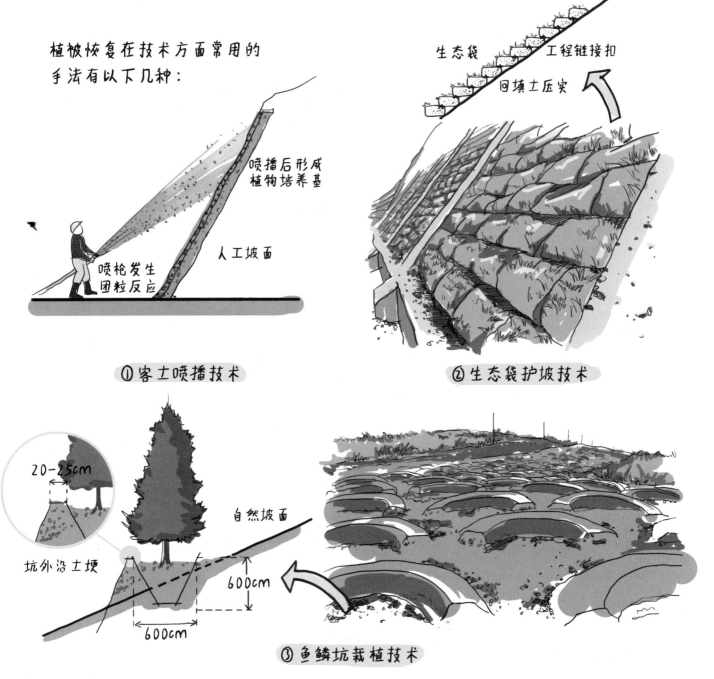

喷播后形成
植物培养基

人工坡面

喷枪发生
团粒反应

① 客土喷播技术

生态袋　　　工程链接扣

回填土压实

② 生态袋护坡技术

20-25cm

坑外沿土埂

自然坡面

600cm

600cm

③ 鱼鳞坑栽植技术

3.水体恢复

引流冲污实质上是对水体污染物和浮游藻类的稀释扩散，就局部而言常被视为解决水体富营养化相对简单、易行和代价较低的办法。

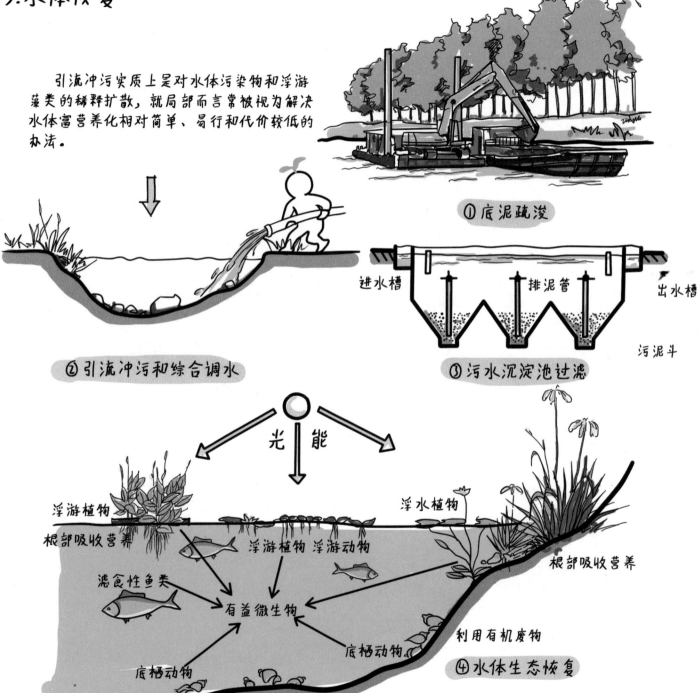

① 底泥疏浚

② 引流冲污和综合调水

进水槽　排泥管　出水槽

污泥斗

③ 污水沉淀池过滤

光　能

浮游植物

根部吸收营养

浮游植物　浮游动物

滤食性鱼类

浮水植物

根部吸收营养

有益微生物

利用有机废物

底栖动物

底栖动物

④ 水体生态恢复

4.空气恢复

气体污染物主要包括挥发性有机物和半挥发性有机物所挥发的气体，例如甲苯、苯乙烯、苯酚等；垃圾填埋气体以甲烷、二氧化碳为主。

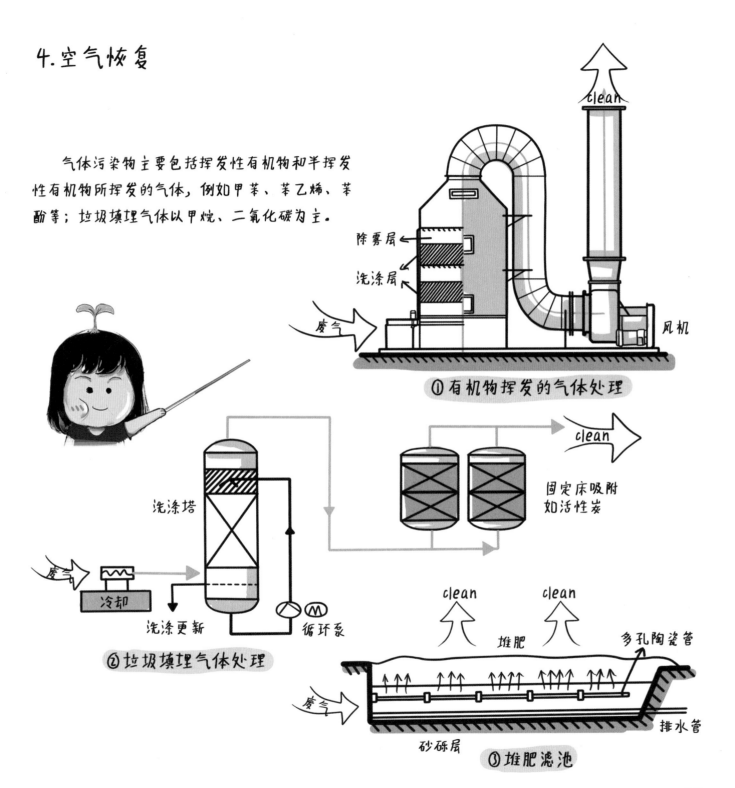

除雾层

洗涤层

废气

风机

clean

① 有机物挥发的气体处理

洗涤塔

废气

冷却

洗涤更新   循环泵

② 垃圾填埋气体处理

clean

固定床吸附
如活性炭

clean   clean

堆肥

多孔陶瓷管

废气

排水管

砂砾层   ③ 堆肥滤池

5.资源重新利用

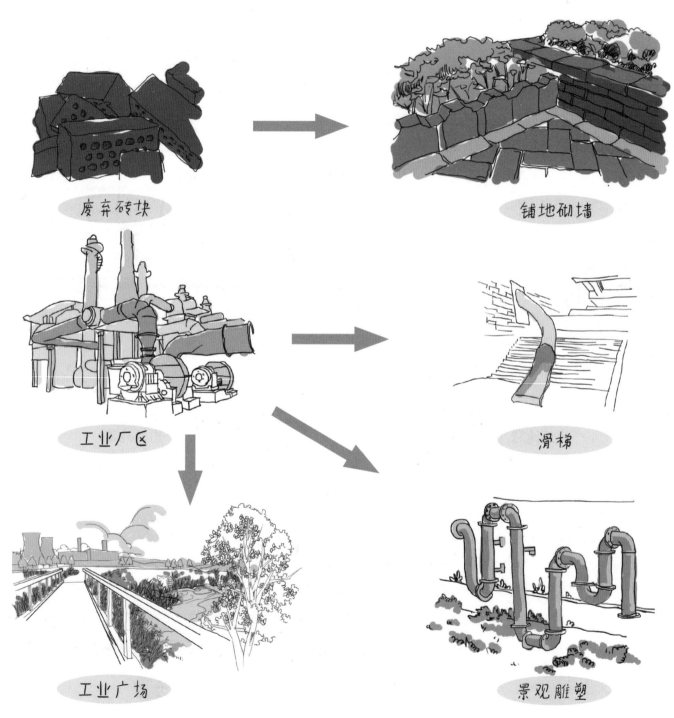

废弃砖块 → 铺地砌墙

工业厂区 → 滑梯

工业广场

景观雕塑

生态恢复中垃圾填埋处理方法

美国纽约清泉垃圾场公园案例图解

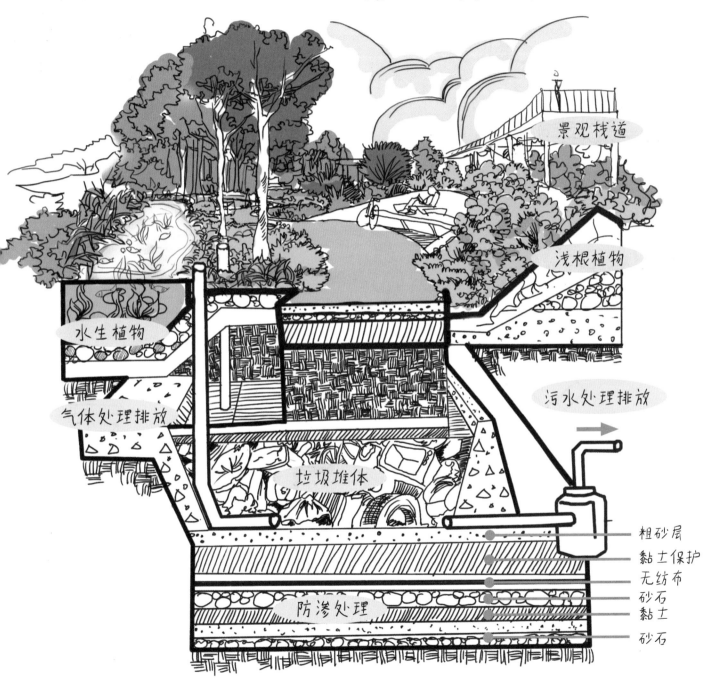

景观栈道

浅根植物

水生植物

气体处理排放

污水处理排放

垃圾堆体

粗砂层

黏土保护

无纺布

砂石

黏土

砂石

防渗处理

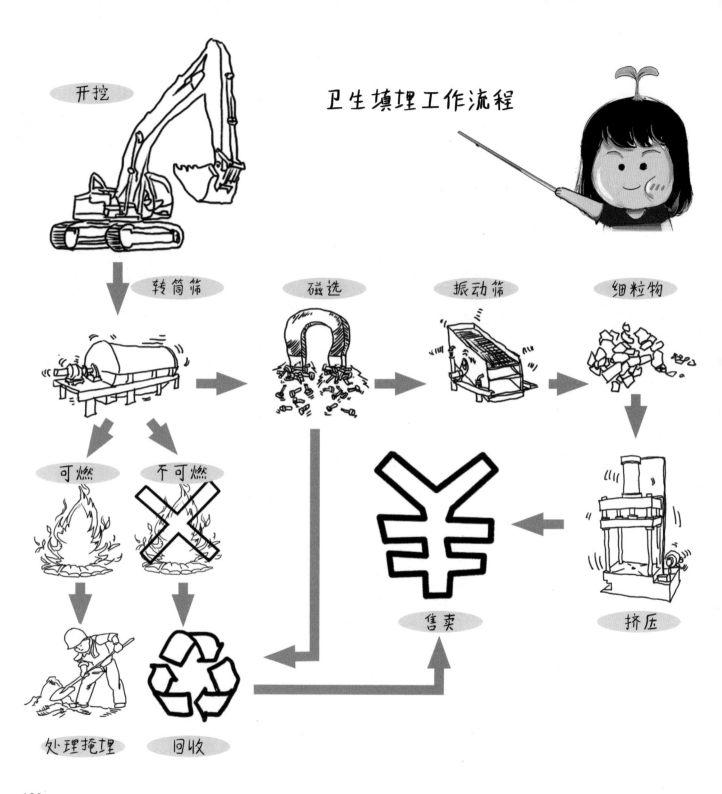

卫生填埋工作流程

开挖

转筒筛

磁选

振动筛

细粒物

可燃

不可燃

挤压

售卖

处理掩埋

回收

矿石废弃地生态恢复做法

美国斯特恩矿坑公园修复案例

经过竖向整理与植被恢复，斯特恩矿坑公园营造了草原、湿地和湖泊等地域生态群落类型。这不仅彻底改变了此地以往的破败面貌，而且为野生动物提供了良好的栖息环境。除了对"可持续"设计理念的充分体现，该采石矿坑与垃圾填埋场改造案例还表现出独特的设计风格：空间结构伴随景观功能的满足自然形成；形式语言采用高效明快的直线和折线处理；混凝土挡墙直接保留表面的粗糙肌理；金属栈道和滨水平台不做任何装饰；道路与平台等处随机点缀着场地遗留的白云岩石块。斯特恩矿坑公园可以被认为是一个基于现代功能主义设计思想的景观。

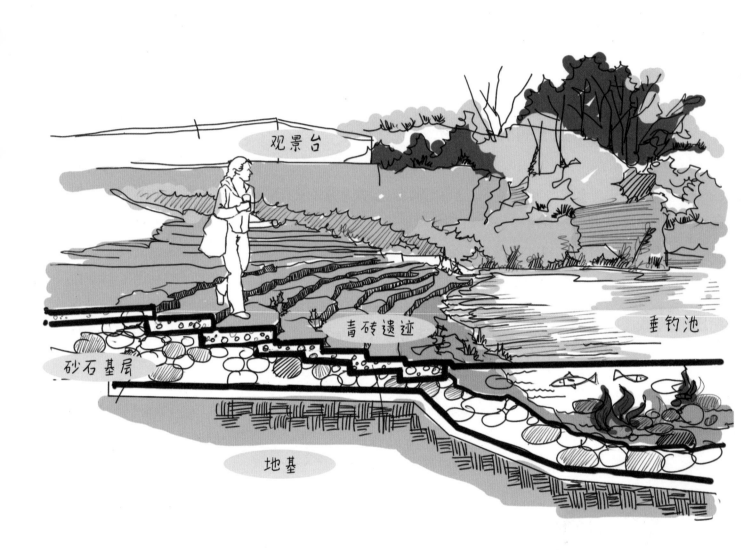

观景台

垂钓池

青砖遗迹

砂石基层

地基

植草护坡

草坪修复

硬化路面

矿石遗迹

煤矿废弃地生态恢复做法
德国鲁尔区煤矿地修复案例

煤矿废弃地修复要点：

注意土壤恢复，植物选择，边坡加固，水质改良。

清理废石

煤渣基质

边坡加固

翻新土壤

水质改良

豆科植物

沉水植物带

煤渣基质

土壤改良

工业废弃地生态恢复做法
美国海军造船厂公园修复案例

工业废弃地修复要点：

注意原场地历史遗迹保护，旧材料的更新利用，放射性原料的妥善处理。

休闲平台

亲水平台

防渗处理

水生植物

土壤夯实

面砖

砂石

草地

铁轨遗迹

砂石浆

美国高线公园修复案例

美国高线公园原址

杂草丛生

土壤污染严重

最初的高线公园其实就是铁路废弃地，这条铁路是美国纽约城市的工业命脉线路。

这块场地经过重新设计，恢复了生机，为市民设计了公共休息空间，高架桥改造为立体绿化，通过艺术小品提升该场地的文化品质，增加跑道设计和绿植更新。

空中花园

休息空间

艺术渲染

重焕新生

石砖

铁轨

案例分析
工业废弃地恢复案例—
——北杜伊斯堡景观公园（Landschaftspark Duisburg-Nord）

1.景观处理手法：保护

对原工业遗址的整体布局骨架结构（功能分区结构、空间组织结构、交通运输结构等）以及其中的空间节点、构成元素等进行全面保护，而不仅仅是有选择地部分保留。

原蒂森梅德里希钢铁厂航拍图

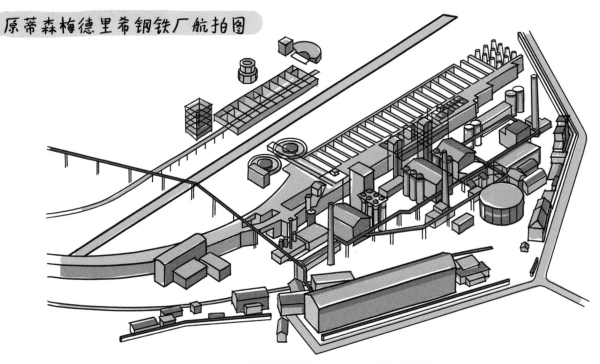

现保留完整的中心厂区示意图

2.景观处理手法：保留

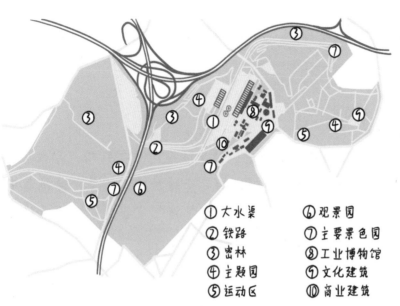

① 大水渠　　⑥ 观景园
② 铁路　　　⑦ 主要景色园
③ 密林　　　⑧ 工业博物馆
④ 主题园　　⑨ 文化建筑
⑤ 运动区　　⑩ 商业建筑

① 北杜伊斯堡景观公园总平面图

② 保留的铁路和铁水槽车

③ 厂区中保留的各种工业设备、管道

3.景观处理手法：再利用

　　通过对场地上各种工业设施的综合利用，使景观公园能容纳参观游览、信息咨询、餐饮、体育运动、集会、表演、休闲、娱乐等多种活动，充分彰显了该设计在具体实施上的技术现实性和经济可行性。

①料仓花园中的滑旱冰场地

高架步行系统

废弃矿仓

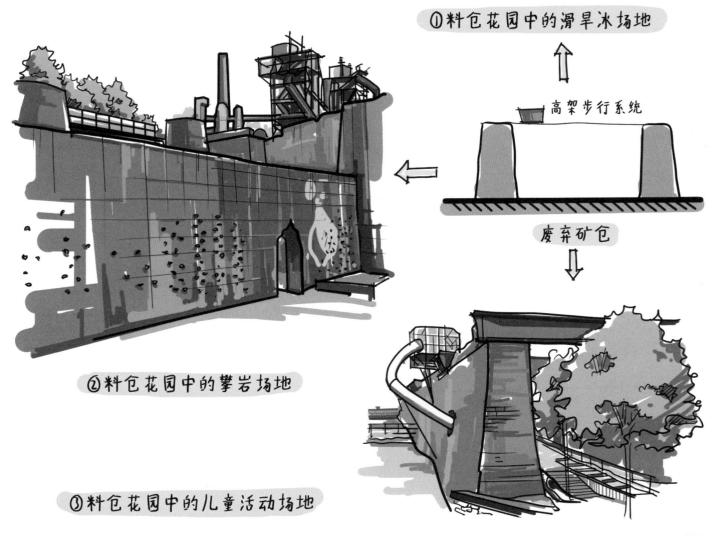

②料仓花园中的攀岩场地

③料仓花园中的儿童活动场地

4.优化环境的生态策略

①对土壤的处理

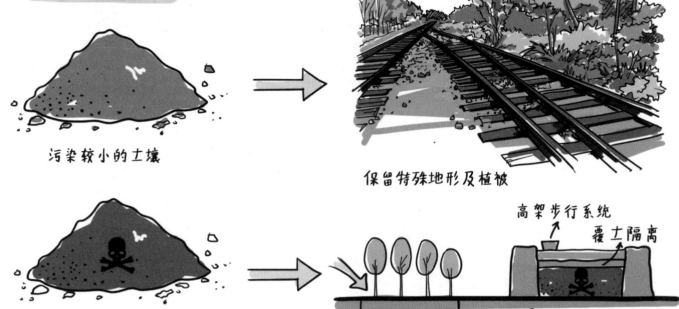

污染较小的土壤

保留特殊地形及植被

污染较大的土壤

高架步行系统

覆土隔离

置换新土

污染严重的土壤移
至矿仓中进行封闭

②对植被的处理

保留大面积的原生生境，成为多种植物生长和鸟类栖息的场所。

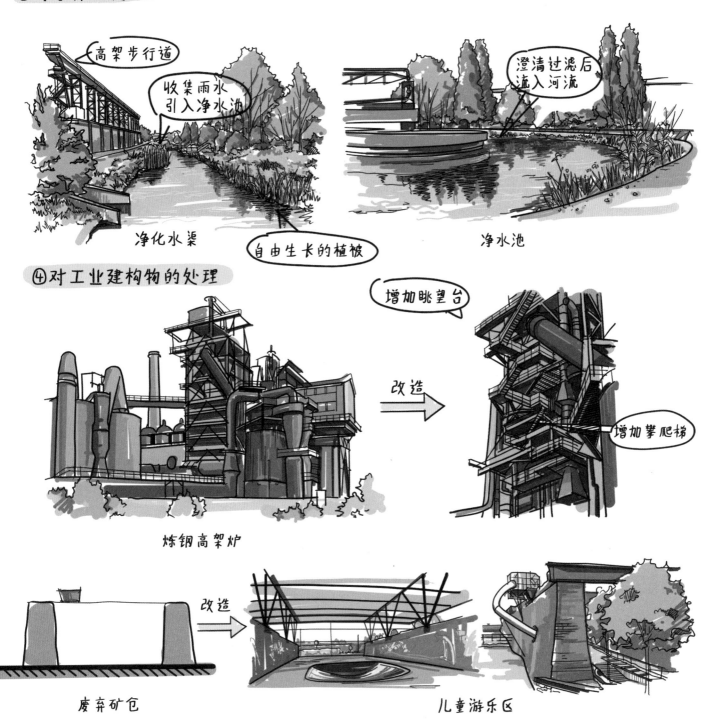

③对水体的处理

高架步行道

收集雨水
引入净水池

澄清过滤后
流入河流

净化水渠

自由生长的植被

净水池

④对工业建构物的处理

增加眺望台

改造

增加攀爬梯

炼钢高架炉

废弃矿仓

改造

儿童游乐区

工业废弃地恢复案例二
——陶溪川（ceramic Art Avenue）

　　将20世纪50年代的宇宙陶瓷厂房改造为博物馆及综合设施，基于遗产保护的最少干预原则，改造选择的改进型现代工业美感呼应了20世纪中叶旧厂房工业建筑的形态和气息，制造出柔和的背景，而将各时期的窑炉遗存置于舞台中心。当代材料的色调组合与原本砖结构的并置，创造出戏剧性的反差。新的设计不仅尊重原先工厂的形式和尺度，也创造了与著名陶瓷生产设备的全新对话方式。

① 博物馆
② 美术馆
③ 中央广场

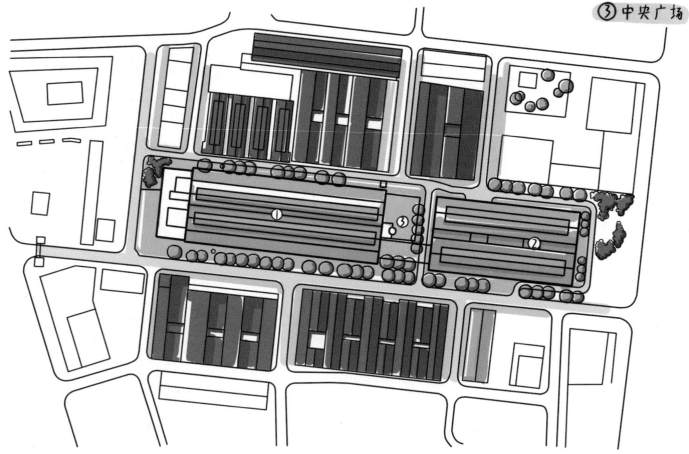

1.建筑外观的改造与再生

陶溪川保留建筑物的原始结构和材料，遵循"修旧如旧"的原则。

维持建筑的外观形态

采用老旧窑炉的过火砖对厂房进行更新，既是对废旧材料的重新利用，也突出了建筑物新旧机体的协调统一。并注入一些现代元素加以改造和更新，注重"新"与"旧"的融合。

注入现代元素，新旧融合

建筑的采光使用了大面积的透明玻璃和简洁的钢架结构形式，实现了建筑外观的"实"与"虚"的对比，新的形象使旧建筑的生命在美学层面和人文层面上得以延续。

留下旧结构，穿上新衣服

2.旧建筑室内空间的改造

对原有空间重新划分，将其改造为博物馆、美术馆、图书馆、艺术家工作室、餐饮空间或陶瓷品销售展示空间等。

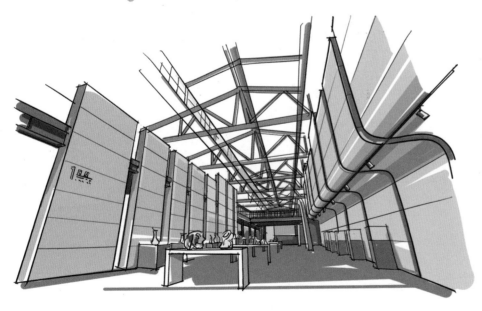

① 博物馆室内空间

② 美术馆室内空间

③ 图书馆室内空间

3.厂区原有资源的整合与利用

瓷厂独有的高大烟囱

古樟树

尽可能地保护工业废弃地的原有植物，比如宇宙瓷厂内的古樟树就作为主干道的行道树，成为珍贵的乔木资源。

古老的圆窑

20世纪60年代的煤烧隧道窑

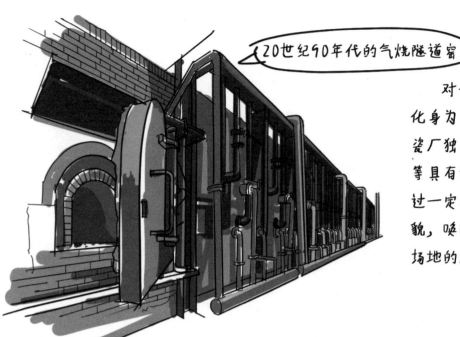

20世纪90年代的气烧隧道窑

对一些废弃使用的陶瓷机械设备可化身为景观小品直接使用，而对那些旧瓷厂独有的高大烟囱、隧道窑、馒头窑等具有独特历史气息的构筑物，都可经过一定的处理加以保留，尽可能恢复原貌，唤醒人们对历史痕迹的追忆，彰显场地的历史工业文明特色。

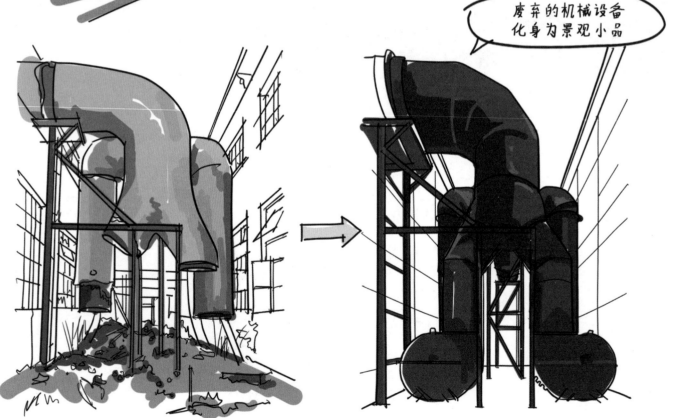

废弃的机械设备化身为景观小品

4.多样性保护

　　承载着许多瓷都人记忆的陶瓷工业遗址被塑造成了一个开放的空间，这种空间可以让每个人都参与进来，感知这历史的沉淀和记忆深处的文化归属。

每周六下午步行主干道上的陶瓷集市

参考文献

[1] 俞孔坚，李迪华，袁弘，傅微，乔青，王思思．"海绵城市"理论与实践 [J]．城市规划，2015，39 (06)：26-36.

[2] 仇保兴．海绵城市 (LID) 的内涵、途径与展望 [J]．建设科技，2015 (01)：11-18.

[3] 杨涛，邱灿红，单韧．汉诺威康斯伯格生态住宅小区 ——欧洲生态化居住模范区 [J]．中外建筑，2009 (09)：59-63.

[4] 葛润青．德国生态住区建设研究 ——以汉诺威康斯伯格为例 [J]．绿色科技，2016 (18)：143-146.

[5] 王珂．室内空气净化植物墙的设计、施工、维护与案例解析 [M]．北京：机械工业出版社，2017.

[6] 都市绿化技术开发机构编著．谭琦，姜洪涛，译．屋顶、墙面绿化技术指南 [M]．北京：中国建筑工业出版社，2004.

[7] 赵鑫彧．浅析韩国梨花女子大学建筑风格 [J]．美术大观，2012 (06)：123.

[8] 车风义．城市公共空间垂直绿化应用设计研究 [D]．济南：齐鲁工业大学，2013.

[9] 贺晓波．垂直绿化技术演变研究及植物幕墙设计实践 [D]．杭州：浙江农林大学，2013.

[10] （美）韦勒，（美）肖尔茨巴特著．丛日晨，张西西，丛正，译．绿色屋顶系统 [M]．北京：机械工业出版社，2015.

[11] 宗诚，于竞，赵珊珊，陈浩，宛立．绿色屋顶在城市生态建设中的应用进展 [J]．现代园艺，2018 (18)：160.

[12] 高玉琴，王冬冬，SCHMIDT Arthur，唐云．绿色屋顶对城市流域径流的影响 [J]．水资源保护，2018，34 (05)：20-26+33.

[13] 刘平，王如松，唐鸿寿．城市人居环境的生态设计方法探讨 [J]．生态学报，2001，121 (06)：997-1002.

[14] 王怡中．河道整治存在的问题及对策探究 [J]．建材与装饰，2018 (01)，291.

[15] 张丽，朱晓东，陈洁，朱兆丽，潘涛，李杨帆．城市湿地公园的生态补水模式及其净化效果与生态效益 [J]．应用生态学报，2008，19 (12)：2699-2705.

[16] 栾博，王鑫，金越延，柴民伟，胡春明．场地尺度绿色基础设施的协同设计 ——以咸阳渭柳湿地公园生态修复设计为例 [J]．景观设计学，2017，5 (05)：26-43.

[17] 向璐璐．雨水生物滞留技术设计方法与应用研究［D］．北京：北京建筑工程学院，2009.

[18] 董翠．景德镇后工业景观再生策略探究 ——以"陶溪川"陶瓷文化产业园为例［J］．现代交际，2016(16)：53-54.

[19] 任刚．景观生态设计的技术解析［D］．哈尔滨：哈尔滨工业大学，2010.

[20] Akos Hutter，杨柠吏．浅谈景观设计对城市工业侵染区域的改造 ——以美国高线公园和悉尼货物线公园为例［J］.
建材与装饰，2019(26)：75-76.

[21] 丁碧莹．城市更新项目解析 ——纽约高线公园成功改造及影响［J］．智能城市，2019,5(15)：34-35.

[22] 梁燕莺，陈涛．德国北杜伊斯堡景观公园设计理念探析 ——基于黄石矿区生态修复的视角［J］．湖北理工学院学
报（人文社会科学版），2017,34(06)：11-15.

图书在版编目（CIP）数据

漫话景观生态设计 = Thoughts on Landscape Ecological Design / 张晓燕主编 . — 北京：中国建筑工业出版社，2020.11
ISBN 978-7-112-25095-0

Ⅰ. ①漫… Ⅱ. ①张… Ⅲ. ①景观生态环境－生态规划－图解 Ⅳ. ① X32-64

中国版本图书馆 CIP 数据核字（2020）第 075667 号

中央高校基本科研业务费专项资金资助（2015ZCQ-YS-01）

绘制人员名单（按内容先后）：孙学浩　容维聪　马蓬伟　谢莉莉　许又文
徐超颖　杨　莹　周佳裕　王　森　张家希

责任编辑：吴　绫　贺　伟
文字编辑：李东禧
责任校对：姜小莲

漫话景观生态设计
Thoughts on Landscape Ecological Design
张晓燕　主编
＊
中国建筑工业出版社出版、发行（北京海淀三里河路9号）
各地新华书店、建筑书店经销
天津图文方嘉印刷有限公司印刷
＊
开本：889 毫米×1194 毫米　1/20　印张：10²/₅　字数：306 千字
2020年11月第一版　2020年11月第一次印刷
定价：**78.00** 元
ISBN 978-7-112-25095-0
　　（35783）